页岩气：崛起中的新能源

魏 凤 周 洪 郑启斌 编著

科学出版社

北京

内 容 简 介

本书主要对国内外页岩气发展的背景、组成与赋存特征、重要的勘探开发技术及带来的环境影响等进行阐述，同时分析当前美国、英国、德国、印度、中国等欧美亚主要国家的页岩气开发与环境管理政策，尤其是对美国和中国的页岩气及相关产业发展状况和前景进行剖析，最后给出中国发展页岩气产业的对策建议。

本书对页岩气开发技术研发、国内外相关产业发展现状及政策分析、市场调研等有重要的参考价值，适合政府部门、规划机构、管理机构、产业部门及有兴趣了解页岩气知识产权的研究人员参考。

图书在版编目（CIP）数据

页岩气：崛起中的新能源／魏凤，周洪，郑启斌编著. —北京：科学出版社，2020.3

ISBN 978-7-03-064201-1

Ⅰ. ①页… Ⅱ. ①魏… ②周… ③郑… Ⅲ. ①油页岩资源–资源开发–研究 Ⅳ. ①TE155

中国版本图书馆 CIP 数据核字（2020）第 017733 号

责任编辑：王 倩／责任校对：樊雅琼
责任印制：吴兆东／封面设计：无极书装

科学出版社 出版
北京东黄城根北街 16 号
邮政编码：100717
http://www.sciencep.com
北京中石油彩色印刷有限责任公司 印刷
科学出版社发行 各地新华书店经销

*

2020 年 3 月第 一 版 开本：720×1000 B5
2020 年 3 月第一次印刷 印张：9 1/2
字数：200 000
定价：138.00 元
（如有印装质量问题，我社负责调换）

本书编写组

组　　长　魏　凤
副组长　周　洪　郑启斌
主要成员　邓阿妹　高国庆　段力萌　丰米宁
　　　　　孙玉琦　赵　德　蒋　毅

前　言

美国页岩气革命对国际天然气市场及世界能源格局产生了重大影响，世界主要资源国家都加大对页岩气勘探开发力度。近年来，我国页岩气勘探开发取得了重大突破，不仅探明了大部分地区页岩气资源储量，还突破了页岩气开发的一些关键技术，工程装备初步实现国产化，成为美国之外的第一个尝试页岩气规模化商业开发的国家，为后续产业化发展奠定了坚实基础。

页岩气在我国已经成为一个非常有发展前景的陆地能源，页岩气的利用将使我国获得更大的能源自主，但是目前我国页岩气的开发仍受到实践经验不足、关键技术缺乏、地质条件复杂、资源地水资源匮乏等因素的制约。如果能够实现关键技术的突破，未来中国页岩气市场发展将具有更大的潜力。因为：

页岩气被认为是解决我国两大安全问题的有效手段。页岩气因其埋藏地的特殊性，被认为是一种特殊的天然气资源。我国以煤炭为主要能源，目前正面临两大安全问题：一是环境和健康安全；二是油和天然气资源的短缺，使我国更多依赖进口，危及能源安全。据估算，我国页岩气资源探明储量是传统天然气资源的 2 倍，相当于 1000 亿 t 原油，庞大的页岩气资源被认为可以有效消除上述安全问题。

但是，目前中国页岩气市场受多种因素制约。中国页岩气市场还处于初级阶段，受到许多不成熟因素的影响。虽然政府努力采取相关政策避免垄断，鼓励民营企业进入，吸引更多投资，但市场不容乐观。

（1）供应方受开采技术和巨大投资风险影响，持谨慎态度。政府规定：土地和地下资源属于国家所有，因此页岩气资源也属于国家。企业只是通过竞投标获得采矿权，因此页岩气开发供应受政策影响较大。

（2）不断增加的天然气消费量将促进页岩气的生产。随着基础设施的改善和为了达到减少环境污染的目的，我国天然气需求量持续保持较大增幅，目前国内天然气生产不能满足市场需求。

（3）从替代能源来看，核能是页岩气开发的最主要竞争对手，风能和太阳能仅能取代页岩气的部分作用。

核能可能是页岩气最有力的竞争对手，这将取决于国家政策。核能是煤的重要替代产品。但自从福岛核电站泄漏之后，全世界都在质疑核能的安全性，德国、法国等许多国家都停止发展核电，因此近期核能对页岩气市场冲击不大。但是如果我国决定继续发展核能，将在发电和城市生活应用上挤占天然气及页岩气所占的市场份额。

风能可能在电力市场取代页岩气，但不能完全代替页岩气在化工、居民消费和工业等其他方面作用。目前，中国的风电市场增长快速，已接近电网容纳的安全容量。风电主要用于调节发电高峰负荷，但这需要通过电网来进行，因此风能有可能在发电市场代替页岩气，但不能取代页岩气的其他作用，且天然气用于电站更加方便，不受天气条件的制约。

太阳能系统也仅能部分代替小型的城市用天然气和发电。我国太阳能装机容量较小，受装机容量和成本的影响，太阳能在电力市场不可能完全取代天然气，但是太阳能热利用、发电利用等家用系统，太阳能汽车等一些小型的太阳能发电系统能够部分代替城市天然气的应用，受成本影响，大部分人还是会选择使用天然气。

（4）技术突破将推进页岩气市场问题的根本解决。和美国相比，我国页岩气工业发展晚了近80年，缺少一些自主知识产权的核心技术，如压裂技术、钻采技术，海外技术受地下结构和埋藏深度的影响，也很难被移植使用，这要求我国既要有自主开发的开采技术，也要有相应的地质基础数据作支撑。技术不成熟带来的投资风险、政策风险、金融风险的不确定性，使得我国页岩气市场具有相对较低的内部竞争，因此我国页岩气市场还停留在初始阶段。

页岩气开采有较高的技术要求。目前，仅有美国掌握了这种非常规气探测和开发的全部技术，也是世界上唯一取得页岩气开发商业化成功的国家。中国要实现页岩气规模化开发，必须具备两方面的条件：①掌握水平钻井、水力压裂、微裂地震等核心技术；②管理高效，包括技术创新及管理，集中分配劳动力、材料和投资，以及开展经济成本管理等。

为了获得页岩气开采技术和管理经验，中国油气企业已经尝试采用收购美国页岩油气资产的办法。目前，中国石油企业已经累计投资50多亿美元收购美国页岩气资产。可以肯定的是，由于地质条件的差异，美国页岩气开发的模式不可能完全适用于中国环境。

（5）水资源匮乏制约着页岩气的发展。页岩气开采必须要用到大量的水。目前，随着人口的增长，我国水资源的利用也得到快速增长，水的日消耗量也在持续增长，但是水并不是未来页岩气开发最严峻的问题，因为大部分页岩气资源处于水资源较为丰富的省份。我国水资源问题主要表现在水体污染方面，中国国家地下水污染防治计划表明大部分中国城镇地下水资源已经受到严重污染。对中国 118 个城市连续监控的数据显示：64% 城镇的地下水受到严重污染，33% 的城镇地下水受到轻度污染，仅有 3% 的城镇地下水是洁净的，而页岩气的开采可能带来地下水的进一步污染。

为推动我国页岩气产业的发展，提出如下建议：

（1）加强政策导向。分析页岩气的资源潜力，考虑技术因素影响，制定中长期发展规划，科学合理地引导我国页岩气产业发展。

（2）重视支持相关技术的研发。加强国际交流与合作，引进更多的先进技术。加强页岩气开采技术的自主研发，同时考虑环境保护、水资源保护、地震预防等。

（3）重视经验积累。借鉴美国页岩气开发的实践，从政府层面关注页岩气开发的经验积累，尽快制定相关技术标准，企业应加强开采和运行管理，减少对地下水的污染。

（4）减少开发成本。在页岩气开发中，充分发挥政府规划决策、第三方评价与监督、企业开发等作用，一方面通过技术和管理进步节约投资；另一方面鼓励企业通过缩短开发周期，提高利润。

（5）研究市场退出和权责转移机制。不完善的市场退出机制将增加资本投资风险。借鉴国外已有的最佳经验，建立符合我国国情的退出机制，允许页岩气开发的权利和责任转移，将有利于页岩气市场的规范发展。

本书的完成得到了中国科学院北京分院张鸿翔副院长、中国科学院前沿科学与教育局段晓男处长、中国科学院地质与地球物理研究所李晓老师、刘伊克老师、中国科学院兰州文献情报中心郑军卫老师等众多专家的指导和支持，在此一并表示衷心感谢。

页岩气发展涉及多方面，综合性和创新性较强，由于本书编著者的专业水平有限，对诸多问题理解难免不尽准确，如有不妥之处，恳请各位专家和读者提出宝贵的意见和建议，以便进一步修改和完善。

魏　凤

2019 年 12 月于武昌小洪山

目 录

第1章 页岩气：崛起中的新能源

1.1 概　况

页岩气是从页岩层中开采出来的天然气，它是一种重要的非常规天然气资源，往往分布在盆地内厚度较大、分布较广的页岩烃源岩地层中，且页岩普遍含气，使得页岩气井能长期以稳定速率产气。和常规天然气相比，页岩气开发具有开采寿命长和生产周期长的优点。

页岩气具有广阔的开发前景。美国页岩气和致密油开发的成功，被誉为21世纪头10年发生的一场能源革命，在短短几年中，页岩气资源在美国的开采已经极大地改变了该国的能源格局。截至2011年年底，美国已有超过10000个页岩气钻井，表明美国页岩气已经进入商业化开发阶段；2015年4月美国能源部数据显示，美国含页岩气在内的天然气发电占比首次超过煤炭发电，位于美国电力消费能源榜首（31%），而美国煤炭发电所占份额已从46%（2009年）下降到30%，预计页岩气对美国和加拿大的经济发展将持续产生超过30年的影响。目前其他国家虽尚未感受到页岩气带来的实际效益，但大多数资源国已经纷纷启动勘探开发页岩气的进程。

页岩气这一非常规新能源产业的发展，不仅对美国天然气供应市场造成巨大转变，还对全球能源供应格局和天然气价格产生巨大影响，许多资源国和国际组织的观念也发生了变化[1]。首先，美国能源供应突然激增和随之带来的天然气价格下降已经让北美成为全球能源密集型投资最具有吸引力和竞争力的地方，美国正强烈感受到当前页岩气带来的冲击，因为它不仅对世界天然气的价格，还对一些能源和化学品市场动态机制产生影响。随着美国页岩气产量的大幅增长，美国对能源进口需求逐渐向能源出口的方式转变，装备制造行业也随着蓬勃发展，塑料行业等其他行业也瞄准使用低成本页岩气去生产一些高附加值石油化工产品，如

① Armor N. Key questions, approaches, and challenges to energy today. Catalysis Today, 2013, 11: 171-181.

烯烃，页岩气中携带的乙烷使得利用现有裂解技术生产乙烯变为可能，这比通过石脑油重整、从乙烷中制备乙烯的传统方法成本低得多，因此该技术更具有竞争力；还有美国的出口创汇和就业机会也在不断增多；同时美国传统的能源供应商正逐渐转向其他市场，表明美国及其商业公司的竞争力和投资决策正在发生变化。

其次，美国出口页岩气的净成本比世界大多数地方的天然气低得多，与中东地区相比也很有竞争力，各国都在重新考虑其能源政策和其他相关政策，期望利用自己的能源资源来应对美国页岩气所带来的影响。例如，俄罗斯和沙特阿拉伯都已强化对亚洲市场的定位和石油天然气的出口，俄罗斯启动了必要的基础设施改革，期望尽可能减少因乌克兰事件带来的政治、经济损失，保存俄罗斯的可能优势，沙特阿拉伯等国家也在发挥调节市场和保持全球天然气价格等方面的作用，同时伊朗、伊拉克和墨西哥也在努力加快内部改革，提高市场份额，希望在世界市场发挥更大的作用。

页岩气产业的快速发展不仅对国家格局产生影响，还对能源行业及相关联的企业具有最为直接的影响，具体受影响的企业包括能源公司、开采公司、运营公司、石油天然气化工企业、发电企业、用户、运输公司、出口商等。例如，开采公司要在全球范围内研究不同国家关于矿业权的法律、制定适用于页岩气开发的技术方法并加以改进、寻求更广泛的销售渠道等；运营商要寻求原料优势，找到足够的管道或者其他传输替代品；石化企业要寻求燃料和化学品的下游用户；发电企业要寻求更低的成本和更环保的燃料；工业用户正在寻求降低能源成本；非管道的整车运输商要寻求建立独立的汽油和柴油燃料生产企业；出口商可能要寻找最佳的全球客户。反之，这些企业的战略举措也会影响到页岩气的整体开发利用。

此外，页岩气供应的增加还带来了应对温室气体排放、减缓气候变化的较为优化方案。虽然天然气不是清洁绿色能源（相比于太阳能、风能、地热能或潮汐能）等，但是它比煤炭和石油这两个主要化石燃料资源，具有更清洁和更低的碳密集度等优点。只要捕获和燃烧排气两个过程可以控制，将比使用煤炭和石油产生的污染物和温室气体排放量低。据英国能源与气候变化部的调查数据显示，利用页岩气排放的 CO_2 是煤炭利用发电 CO_2 排放量的 1/3，能够极大地减少 CO_2 排放。同时，包括页岩气在内的天然气给其他行业提供了低碳化学品，促进其他行业的减排。天然气虽不是可持续资源，但是它为未来几十年提供了足够的供应，因此希望它可以起到一个桥梁的作用，直到更加可持续的、绿色的，并且可再生的资源得到开发利用。

但是，在开发页岩气的同时，也应该看到页岩气开发过程中带来的环境影响，如对水资源利用造成的紧张压力、可能会污染地下水和地表水、开采中可能造成甲烷（CH_4）排放加剧温室效应、破坏生物多样性等。这些环境风险如何被发现、如何防范及如何补救，本书将在下面的章节中详细介绍。

1.2 页岩气的组成与赋存特征

页岩气是存在于地质学上称作页岩或泥岩（shale）间隙的气体。相对于普通的天然气，也可把页岩气叫做非常规天然气。页岩是一种碎屑沉积岩，具有明显的层理面、微裂缝、黏土含量高和有机物含量高等特点，其间隙大小约为 10^{-6}mm，而甲烷分子大约是 10^{-7}mm，约为页岩间隙的1/10。一般气体在其分子大小 10 倍左右的间隙里的流动性是很差的，页岩气在泥岩中的流动性只有普通天然气的万分之一，因而会滞留在页岩层内。页岩油气藏具有各向异性和非均匀性，在载荷作用下也表现出非线性响应。

1.2.1 页岩气的主要组成

页岩气主要成分是烷烃，也称饱和烃，其中甲烷占绝大多数，另有少量的乙烷、丙烷和丁烷，此外一般还含有硫化氢、二氧化碳、氮、水气，以及氦、氩等微量惰性气体。表1.1～表1.3分别表示 Barnett 页岩区、Marcellus 页岩区和其他地区及其页岩气井监测的页岩气成分情况。

表1.1 表示美国宾夕法尼亚州 Barnett 页岩区所属的四口页岩气井中，页岩气主要含有五种气体，分别是甲烷、乙烷、丙烷、二氧化碳和氮气，这五种气体的含量各不相同，其中甲烷的含量占比最高，占比都超过了80%，其次是乙烷；且四口井可燃性气体的占比都超过了95%。

表1.1 Barnett 页岩气成分组成[①]　　　　（单位：%）

井	甲烷	乙烷	丙烷	二氧化碳	氮气	烷烃类合计
#1	80.3	8.1	2.3	1.4	7.9	90.7
#2	81.2	11.8	5.2	0.3	1.5	98.2

① Hill R J, Jarvie D M, Zumberge J. Oil and gas geochemistry and petroleum systems of the Fort Worth Basin. AAPG Bulletin, 2007, 91 (4): 445-473.

续表

井	甲烷	乙烷	丙烷	二氧化碳	氮气	烷烃类合计
#3	91.8	4.4	0.4	2.3	1.1	96.6
#4	93.7	2.6	0	2.7	1	96.3
均值	86.75	6.725	1.975	1.675	2.875	95.45

表 1.2 表示了美国 Marcellus 地区四口页岩气井中，页岩气同样主要含有甲烷、乙烷、丙烷、二氧化碳和氮气这 5 种成分，不同井含有这 5 种气体的成分不同；其中甲烷的含量占比最高，占比不低于 79.4%，最高达到 95.5%，其次是乙烷。总体上，Marcellus 这四口井的烷烃类可燃性气体比例占比均不低于98.8%。甲烷含量高达 85.2%，乙烷含量也高达 11.275%，丙烷含量排名第三位，达到 2.875%。氮气和二氧化碳的含量平均值都未超过 0.5%。

表 1.2 Marcellus 页岩气成分组成[①]　　　　　　　　（单位：%）

编号	甲烷	乙烷	丙烷	二氧化碳	氮气	烷烃类合计
#1	79.4	16.1	4	0.1	0.4	99.5
#2	82.1	14	3.5	0.1	0.3	99.6
#3	83.8	12	3	0.9	0.3	98.8
#4	95.5	3	1	0.3	0.2	99.5
均值	85.2	11.275	2.875	0.35	0.3	99.35

表 1.3 表示美国三个地区（Fayetteville、New Albany、Haynesville）和英国Antrim 地区页岩气成分组成比例存在很大差异。在甲烷成分上，Antrim 地区甲烷仅占 62%，而在 Fayetteville 地区，甲烷体积占比高达 97.3%。在烷烃类可燃气体方面，Antrim 地区仅为 66.45%，而 Fayetteville 地区却高达 98.3%。从含气均值来看，甲烷含气量达到 86%，其次是氮气，约为 7.4%。

表 1.3 其他地区页岩气成分组成　　　　　　　　（单位：%）

地区	甲烷	乙烷	丙烷	二氧化碳	氮气	烷烃类合计
Fayetteville	97.3	1	0	1	0.7	98.3
New Albany[②]	89.875	1.125	1.125	7.875	0	92.125

---

① Hill R J, Jarvie D M, Zumberge J. Oil and gas geochemistry and petroleum systems of the Fort Worth Basin. AAPG Bulletin, 2007, 91 (4)：445-473.

② Martini A M, Walter L M, Ku T C W, et al. Microbial Production and modification of gases in sedimentary basins: A geochemical case study from a Devonian shale gas play, Michigan basin. AAPG Bulletin, 2003, 87 (8): 1355-1375.

续表

地区	甲烷	乙烷	丙烷	二氧化碳	氮气	烷烃类合计
Haynesville[①]	95	0.1	0	4.8	0.1	95.1
Antrim（英国）	61.975	3.425	1.05	3.825	28.975	66.45
均值	86.0375	1.4125	0.54375	4.375	7.44375	87.99375

从上述可看出，不同地区甚至同一地区不同页岩气井都存在页岩气成分的差异，但总体来说，美国这五个区域的页岩气品相比英国 Antrim 地区的页岩气品相好，这可能也是美国页岩气开发获得成功的原因之一。

1.2.2 页岩气成藏与赋存

页岩气主要是因为生物降解或热量变化等情况，产生的甲烷等气体以吸附或游离状态存在于泥岩、高碳泥岩、页岩及粉砂质岩类的夹层中裂缝、孔隙及其他储集空间，因此被称为页岩气。其中，约50%的页岩气以游离相态存在于岩石缝隙与裂隙中，约50%的以吸附状态存在于干酪根、黏土矿物颗粒、有机质颗粒及孔隙表面，极少量以溶解状态储存于干酪根、沥青质、残留水及液态石油中。与常规气藏不同，页岩既是天然气生成的源岩，也是运聚天然气的储层和盖层。页岩气生成后在烃源岩层内表现为原地成藏模式，即就近聚集，这与油页岩、油砂、地沥青等区别较大。

页岩气的成藏条件主要包括生气条件、运移机理、储集体、圈闭机制，以及天然气存在状态等几个方面[②③]。根据 Cuitis[④] 的研究，页岩气成藏需要具备以下地质条件：沉积地层以泥、页岩为主；泥质含量高（泥/页岩地层中的纯泥岩厚度大于10%）；沉积层单层厚度大（大于等于10m）；有机质含量（TOC）大于等于0.3%；有机质成熟度（Ro）底线要求相对较低（Ro>0.4%）；孔隙度低（$\Phi<12\%$）。对具有工业勘探价值的页岩气藏，埋藏深度要小，一般小于3km，储层发育裂缝、吸附气含量高（≥20%）等。

---

① Hayden J, Pursell D. The Barnett Shale. Visitor's Guide to the Hottest Gas Plant in the US. Oct 2005. https：//www. naturalgasintel. com/topics/154-haynesville-shale.

② 叶军，曾华盛. 川西须家河组泥页岩成藏条件与勘探潜力. 天然气工业，2008，28（12）：18-25.

③ 张金川，聂海宽，徐波，等. 四川盆地页岩气成藏地质条件. 天然气工业，2008，28（2）：151-156.

④ Curtis J B. Fractured shale-gas system. AAPG Bulletin，2002，86（11）：1921-1938.

页岩气的赋存形式多样，包括游离态、吸附态及溶解态，但以游离态和吸附态为主，溶解态仅少量存在[①]。早在 1996 年，胡文瑄等[②]就指出，在 CH_4-CO_2-H_2O 三元体系中，作为天然气主要成分的 CH_4，其溶解态含量仅占总含量的0.1%。气体在页岩层中以何种相态存在，主要取决于它们在流体体系中溶解度的大小。当气体的量小于其在流体体系中的溶解度，即未饱和时，只存在吸附态和溶解态，而一旦达到饱和，就会出现游离态。

在页岩气吸附态的研究方面，张金川等[③]和薛会等[④]指出，生成的页岩气首先满足有机质和岩石表面吸附的需要，当吸附气量与溶解气量达到饱和时，富裕的天然气才以游离态进行运移和聚集。据 Curtis[⑤] 统计，吸附态页岩气含量占页岩气总含量的20% ~85%。其中，FortWorth 盆地密西西比亚系 Barnett 组页岩的吸附态页岩气占原始页岩气总量的20%，是所占比例最少的，但是，随着实验研究和开发的深入，发现20%的评估值明显偏低。Mavor[⑥] 指出 Barnett 组页岩吸附态页岩气应占原始页岩气地质储量的61%。李新景等[⑦]认为吸附态页岩气的含量可能至少占页岩气总量的40%。聂海宽等[⑧]总结分析了 Barnett 页岩的大量研究资料，认为10% ~60%的天然气以吸附态赋存于页岩中，比早期研究的数据大很多。由此可见，吸附态页岩气含量至少占页岩气总含量的40%。

在游离态的研究方面。游离态页岩气主要储存于岩石孔隙与裂隙之中，其含量的高低与构造保存条件密切相关。Martini 等[⑨]认为 Michigan 盆地的 Antrim 页岩

① 张金川，徐波，聂海宽，等. 中国页岩气资源勘探潜力. 天然气工业，2008，28 (6)：136-140.

② 胡文瑄，符琦，陆现彩，等. 含 (油) 气流体体系压力及相变规律初步研究. 高效地质学报，1996，2 (4)：458-165.

③ 张金川，薛会，张德明，等. 页岩气及其成藏机理. 现代地质，2003，17 (4)：466.

④ 薛会，张金川，刘丽芳，等. 天然气机理类型及其分布. 地球科学与环境学报，2006，28 (2)：53-57.

⑤ Curtis J B. Fractured shale-gas systems. AAPG Bulletin, 2002, 86 (11): 1921-1938.

⑥ Mavor M. Barnett shale gas-in-place volume including sorbed and free gas volume. AAPG Southwest Section Meeting, 2003.

⑦ 李新景，胡素云，程克明. 北美裂缝性页岩气勘探开发的启示. 石油勘探与开发，2007，34 (4)：392-400.

⑧ 聂海宽，张金川，张培先，等. 福特沃斯盆地 Barnett 页岩气藏特征及启示. 地质科技情报，2009，28 (2)：87-93.

⑨ Martini A M, Walter L M, Ku T C W. Microbial production and modification of gases in sedimentary basins: A geochemical case study from a Devonian shale gas play, Michigan basin. AAPG Bulletin, 2003, 87 (8): 1355-1375.

以吸附态页岩气为主，游离态页岩气仅占页岩气总含量的 25% ~ 30%。但是，Bowker[1]、Kinley 等[2]和 Montgomery 等[3]根据 Barnett 页岩气特征认为存储在基质孔隙中的页岩气占天然气总产量的 50% 以上。

1.3 页岩气资源潜力

1.3.1 全球总体情况

全球油气资源主要可以分为以下几类：常规油气、煤层气、页岩气、致密气，以及天然气水合物等非常规油气。在这些资源种类中，常规天然气和天然气水合物占据主要位置，其次为页岩气，如图 1.1 所示。与非常规油气总体相比，常规油气所占全球比例较小。

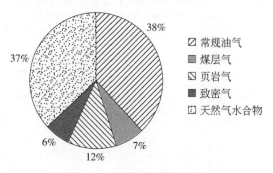

图 1.1 全球油气资源构成

2013 年 6 月 10 日，美国能源信息署（EIA）发布了题为《页岩油和页岩气技术可采资源量：美国以外的 41 个国家 137 处页岩地层评估》的报告[4]，对全球

① Bowker K A. Barnett Shale gas production Fort Worth Basin: Issues and discussion. AAPG Bulletin, 2007, 91 (4): 523-533.

② Kinley T J, Cook L W, Breyer J A. Hydrocarbon potential of the Barnett Shale (Mississippian) Delaware Basin, West Texas and Southeastern New Mexico. AAPG Bulletin, 2008, 92 (8): 967-991.

③ Montgomery S L, Jarvie D M, Bowker K A. Mississippian barnett shale, fort worth basin, north-central Texas: Gas-shale play with multi-trillion cubic foot potential. AAPG Bulletin, 2005, 89 (2): 155-175.

④ Shale oil and shale gas resources are globally abundant. http://www.eia.doe.gov/analysis/studies/world-shalegas/pdf/fullreport.pdf. 2013-06-10.

页岩油资源进行了评估。评估结果显示，全球技术可采页岩气资源量为7299万亿 ft³（1ft≈0.305m），分别占全球技术可采原油资源量的10%和天然气资源量的32%，如表1.4所示。

表1.4 全球技术可采页岩气资源

地区	页岩气/万亿 ft³	天然气/万亿 ft³	合计/万亿 ft³	页岩气占比/%
美国	665	1766	2431	27.3
美国以外地区	6634	13817	20451	32.4
合计（全球）	7299	15583	22882	31.9

除美国外，排名前10位的国家的技术可采页岩气资源占全球的70%，其中50%以上的页岩气资源主要集中在中国、阿根廷、阿尔及利亚、加拿大和墨西哥，如表1.5所示。

表1.5 技术可采的页岩气资源量前10位的国家

排名	国家	页岩气/万亿 ft³
1	中国	1115
2	阿根廷	802
3	阿尔及利亚	707
4	美国*	665（1161）
5	加拿大	573
6	墨西哥	545
7	澳大利亚	437
8	南非	390
9	俄罗斯	285
10	巴西	245
全球合计		7299（7795）

*关于美国的资源预计有两种来源，括号外为美国能源信息署的预计值，括号内为美国国际先进资源公司（ARI）预计值。

1.3.2 主要国家页岩气资源分布

1. 美国

美国有着丰富的页岩气资源。EIA 在 2014 年能源展望中估计[①]，美国大约有 610 万亿 ft^3（约合 17.27 万亿 m^3）的页岩气资源，全球排名第四，仅次于中国、阿根廷和阿尔及利亚。美国 48 个州都有页岩气存在，页岩油气主力产层为巴肯、马塞勒斯、海恩斯维尔、鹰滩、二叠、奈厄布拉勒和尤蒂卡等七个地层，北美地区有将近 30 个页岩气盆地，主要集中在美国东部，包括 Ohio、Antrim、Barnett、Lewis 和 New Albany 等 5 个主要的页岩气带。2018 年 12 月，美国内政部宣布，在得克萨斯州特拉华盆地中的沃尔夫坎普页岩和骨泉地层上覆区块，以及新墨西哥州的二叠纪盆地共有 463 亿桶石油、281 万亿 ft^3 天然气及 200 亿桶天然气液体，是美国历史迄今为止最大的油气发现[②]。2018 年，经调查分析，得益于新的钻探技术，未来利用新技术可将油气可开采储量提升 20%[③]。

2. 中国

我国非常规天然气资源非常丰富，据联合国贸易和发展会议（UNCTAD）2018 年 5 月发布的报告，我国页岩气储量位居世界第一，储量达 31.6 万亿 m^3。表 1.6 反映出我国非常规天然气资源在我国天然气资源总量中的占比。我国非常规天然气资源量为 476.8 万亿 m^3（水合物 206 万亿 m^3），占中国天然气资源总量的 89.5%，而常规天然气资源量仅为 56 万亿 m^3，非常规天然气资源是常规天然气资源量的 8.5 倍。其中，2013 年 3 月概算出我国海相页岩气远景区资源量为 32.22 万亿 m^3，可采资源量达 11.46 万亿 m^3，根据最新的《中国矿产资源报告 2018 年》，截至 2018 年 4 月，中国页岩气累计探明地质储量已经超过 1 万亿 m^3[④]。

---

① Shale in the United States. http：//www.eia.gov/energy_in_brief/article/shale_in_the_united_states.cfm. 2019-03-18.

② USGS identifies largest continuous oil and gas resource potential ever https：//www.eurekalert.org/pub_releases/2018-12/ugs-uil120618.php. 2018-12-06.

③ 利用新技术可从美国页岩气井中开采更多的天然气. http：//www.sinopecnews.com.cn/news/content/2018-12/19/content_1728254.htm. 2018-12-19.

④ China's largest shale gas field output exceeds 6 bln cubic meters in 2018. http：//www.xinhuanet.com/english/2019-01/01/c_137713056.htm. 2019-01-01.

表 1.6　中国不同类型天然气资源构成特点及所占比例

天然气资源类型		资源量/万亿 m³	年产量/亿 m³ （2009 年产量）	占总资源量/%
非常规天然气	煤层气	36.8	115	6.9
	页岩气	134.0	0.3	25.1
	致密气	100.0	271	18.8
	水合物	206.0	0	38.7
常规天然气		56	1025	10.5

为了确切掌握各地页岩气资源的储藏量，我国自 2010 年起开始对各省份的页岩油气资源开展勘探、预测、评估工作。截至 2014 年 7 月底，我国共设置页岩气探矿权 54 个，面积 17 万 km²；钻井 400 口，其中水平井 130 口；累计完成二维地震 2 万 km，三维地震 1500km²。其中：

青海。青海省地质部门 2013 年年底经过最新勘查发现：位于青藏高原东部的青海省页岩气资源丰富，分布面积约 45 万 km²，占全省面积的 2/3。

湖南。页岩气资源量达 9.2 万亿 m³ 左右，排全国第 6 位，其中湘西北地区页岩气资源量最大，约为 4.81 万亿 m³。

黑龙江。2013 年 12 月 16 日，从位于黑龙江省东南部的东宁县国土资源局获悉，经过 5 年勘探，在东宁县境内发现储量 10 亿 t 的油页岩矿，含油率为 8% ~ 24%，平均含油率 12.8%。

江西。2014 年 6 月 27 日，经过江西省初步勘查发现：江西省仅重点地区页岩气地质资源潜力约为 2.776 万亿 ~ 5.582 万亿 m³，可采资源约 5550 亿 m³，相当于目前江西省天然气一年用气量的 555 倍。江西省页岩气资源主要分布在赣西北修武盆地、九瑞盆地、彭泽盆地，赣东北上饶盆地、萍乐拗陷西段清江盆地，以及南鄱阳盆地等地区。

重庆。2014 年 7 月 8 ~ 10 日，国土资源部油气储量评审办公室经过专家评审，认为重庆涪陵页岩气田是典型的优质海相页岩气，涪陵新增探明地质储量 1067.5 亿 m³，标志着我国首个大型页岩气田正式诞生。涪陵地区的页岩气主要分布在焦石坝区块焦页 1—焦页 3 井区五峰组-龙马溪组一段。

宁夏。2014 年 9 月 17 日，宁夏地矿局地质调查院经过大量分析调查和钻井勘探工作后，首次发现宁夏六盘水有页岩气资源。标层位主要为白垩系下统马东山组泥页岩段，在 796m 之后开始出现全烃异常，局部有油迹显示。另外，路线地质调查也发现，乃家河组碳酸盐晶洞中含油，这说明宁夏六盘山盆地具备生油（气）条件，并有油气运移现象。此外，实测地质剖面表明，马东山组泥页岩厚度超过 1000m，底部有机质丰富，生烃潜力良好，局部地表可以见到油页岩，该项工作为进一步开展页岩气调查评价打下了基础。

湖北。湖北省近 2 年相继在鄂西地区部署了 6 个页岩气资源调查评价项目，国土资源部于 2012 年在恩施地区投放了两个页岩气勘探区块，通过全面勘查后，预测湖北省页岩气资源储量为 9.48 万亿 m^3，可采资源储量为 1.5 万亿 m^3。2019 年 1 月，在鄂西地区的页岩气调查取得重大突破，页岩气资源量达 11.68 万亿 m^3，具有建成年产能 100 亿 m^3 的资源基础[①]。

安徽。根据中国地调局调查资料计算，安徽省页岩气地质资源量约为 3.37 万亿 m^3，属全国页岩气五大优选地区之一。

此外，还有其他省份也在开展页岩气资源调查工作。

3. 欧洲

基于 2011 年美国 EIA 的研究，欧洲页岩气储量为 2587 万亿 ft^3。

波兰是欧洲页岩勘探活动最活跃的国家之一。波兰 Baltic 盆地、Lublin 盆地和 Podlasie 盆地的预计原始天然气地质储量（GIP）为 22.4 万亿 m^3（792 万亿 ft^3），技术可采储量为 5.3 万亿 m^3（187 万亿 ft^3）。Podlasie 盆地某些储层特性非常好，但 Baltic 盆地是分布范围最广、总 GIP 最高的盆地。

法国页岩气估算资源量仅次于波兰，预计 GIP 为 20.4 万亿 m^3（720 万亿 ft^3），可采储量为 5.1 万亿 m^3（3180 万亿 ft^3）。这些资源主要位于巴黎盆地和东南盆地。巴黎盆地包含两个富有机质页岩层：多尔斯阶黑色页岩和二叠纪–石炭纪页岩。多尔斯阶页岩热成熟度低，含油量较高，因此限制了其天然气资源潜力。较成熟的二叠纪–石炭纪页岩要比巴黎盆地北部层深更深，勘探程度较低。页岩平均厚度在 350m（1150 ft）左右，虽然在盆地东部边缘，在某些孤立层段发现有厚度 2200m（7200ft）的页岩。

英国是欧洲几个开展页岩气勘探的国家之一。英国有两大含油气系统，即石炭纪北部含油气系统和中生代南部含油气系统。这两大系统包含几个具有相似沉积史和构造史的盆地。英国政府在 2011 年 5 月取消了对页岩气勘探的限制，此后对这两大系统的钻探作业不断增多。北部含油气系统有 100 多年的开发历史，

---

① 我国鄂西地区发现高产页岩气藏 . http：//www. xinhuanet. com/2019- 01/23/c＿ 1124028693. htm. 2019-01-23.

该地区 Cheshire 盆地的 Bowland 页岩具有很高的开发潜力。2011 年预计该系统的 GIP 约为 2.7 万亿 m^3（95 万亿 ft^3），技术可采储量为 5380 亿 m^3（19 万亿 ft^3）。后来，Cuadrilla 资源公司宣布在 Bowland 页岩发现了 5.7 万亿 m^3（200 万亿 ft^3）页岩气，远远超过了该地区公布的估测数据。2014 年，英国地质调查局对包括格拉斯哥、爱丁堡在内的苏格兰中部地区进行调研，发现在人口很多的米德兰山谷地区，蕴藏着 80 万亿 ft^3 的页岩气储量，并指出苏格兰境内可能有 134.6 万亿 ft^3 的页岩气储量，因而英国被视为在发展非常规油气资源方面最具前景的欧洲国家之一。根据英国地质调查局估计，Bowland 页岩可能含有 1329 万亿 ft^3（37.6 万亿 m^3）的天然气[①]。

德国也有页岩油气存储，同样也进行过页岩气开发工作。2014 年 3 月，德国地质资源管理部门预测：德国可开采的页岩气储量达 0.7 万亿~2.3 万亿 m^3，甚至超过传统的天然气储量，可保证供应 100 年。德国每年消耗的天然气大约是 860 亿 m^3，其中有近一半是从俄罗斯进口，因此页岩气将可能是德国能源结构中的重要组成部分。

4. 其他国家

2014 年 3 月，澳大利亚学术研究委员会（the Australian Council of Learned Academies Study）经过研究认为：澳大利亚可能拥有 1000 多万亿立方英尺（30 多万亿 m^3）的页岩气储藏，但若想要进行全面开发，还有待实施成熟的环保措施并降低开发成本，虽然页岩气的碳排放量明显少于煤炭发电，但高于普通天然气。

沙特阿拉伯石油部估计，沙特阿拉伯非常规天然气储量超过 600 万亿 ft^3，是已探明储量的两倍，沙特阿拉伯也因此在美国能源信息署 32 国页岩气储量中排名第五位。

印度尼西亚国家能源矿产资源部 2012 年发布报告，称印度尼西亚拥有 574 万亿 ft^3 页岩气，其中加里曼丹岛 194 万亿 ft^3、巴布亚岛 90 万亿 ft^3、爪哇岛 48 万亿 ft^3、苏门答腊岛 233 万亿 ft^3，剩下 9 万亿 ft^3 分散在其他群岛。不过，印度尼西亚官方并未确定具体的页岩气技术可采资源量。EIA 在 2013 年 6 月 10 日发布的最新报告指出，全球前 10 个拥有丰富页岩气技术可采资源量的国家里，印度尼西亚并未入榜，第 10 位的是拥有 245 万亿 ft^3 可采量的巴西。

---

① IGas announces spud of Tinker Lane shale gas well after 80+ hour protest https://drillordrop.com/2018/11/27/picture-post-igas-announces-spud-of-tinker-lane-shale-gas-well-after-80-hour-protest/

阿根廷西部 Vaca muerta 页岩地层被认为是全球最大的页岩场地之一，其生产潜力可以将阿根廷从油气净进口国转变为净出口国[①]，但其开发需要解决成本过高问题，如降低钻井、压裂成本。

1.4　全球页岩气的资源开发状况

据美国能源信息署预测，全球有 7299 万亿 ft³（约合 206.7 万亿 m³）的页岩气被认为是技术可采。按照世界 2013 年天然气消费量 33476 亿 m³ 计算，仅仅技术可采的页岩气也足够全球使用约 61 年；按照我国 2014 年天然气绝对消费量 1761 亿 m³ 计算，全球"技术可采"的页岩气足够我国使用约 1173 年。虽然页岩气的潜力巨大，但随着页岩气勘探工作的深入，以及勘探技术的进步，页岩气的技术可采数量也可能出现变化。

目前，世界上只有美国、加拿大和中国这三个国家通过商业规模的水力压裂（hydraulic fracturing）开采页岩气。虽然也有一些国家在加大页岩资源的勘探力度，但仍未进行页岩气的商业化开采。

2014 年，美国页岩气的日均产量创造新高，达到 329 亿 ft³/d（约 9.32 亿 m³/d），其主要产地集中在宾夕法尼亚、路易斯安那州、得克萨斯州。加拿大的产量居于第二位，但数量上远远落后于美国，2014 年 5 月其每天产生的页岩气大约为 39 亿 ft³/d（约 1.1 亿 m³/d），其主要产地集中在阿尔伯塔（Alberta）和萨斯喀彻温省（Saskatchewan）。我国页岩气产量居于第三位，日均产量仅为 2.5 亿 ft³（约 0.07 亿 m³），目前主要产地位于四川盆地。如果按 2014 年美国、加拿大和中国的开采速度估算，全球"技术可采"的页岩气资源大约可连续开采 500 年。

1.4.1　美国

过去 10 年，美国能源工业经历了一个重要变革，即页岩气革命。在 2000 年页岩气仅占据美国天然气总产量的 1.6%，到 2013 年则达到了惊人的 40.4%。

① What's Holding Back Argentina's Shale Revolution. https：//oilprice.com/Energy/Energy-General/Whats-Holding-Back-Argentinas-ShaleRevolution. html. 2019-01-12.

页岩气革命剧烈地改变了美国能源的未来，以及全球的能源潜力①。

美国页岩气整个历程可以分为三个阶段：产量极低阶段（1821～1975 年）、技术突破阶段（1976～2005 年）、高速增长阶段（2006 年至今），如图 1.2 所示。

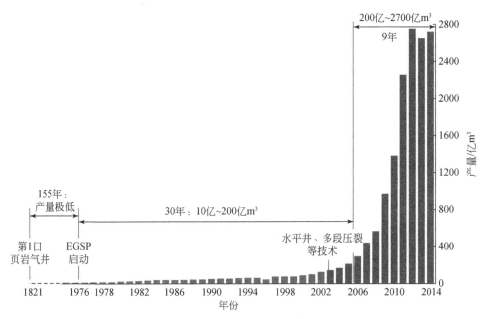

图 1.2　美国页岩气勘探历程及页岩气产量快速增长过程

美国页岩气发展历程可以分为三个阶段：美国政府自 1976 年组织实施东部页岩气工程以来，经过 20 多年探索才实现技术突破。2006 年以来，美国页岩气进入了快速发展阶段，实现了页岩气产量快速增长

美国页岩气产业的成功发展得益于采用水平钻井和水力压裂技术。早在 20 世纪 80～90 年代，Mitchell 能源公司尝试在 Barnett 页岩开采中使用水力压裂技术，到 2000 年，该公司已经开发出可用于页岩气商业化生产的水力压裂技术，到 2005 年，Barnett 页岩每年能产出 0.5 万亿 ft³（约合 140 亿 m³）的天然气。由于 Barnett 页岩商业化的成功，其他公司也开始进入这一领域。2011 年，Haynesville 超压页岩气用 5 年的时间产量高达 617 亿 m³，成为当时美国最大的页岩气气田；2014 年，Marcellus 页岩气用 6 年的时间产量达到 1330 亿 m³，成为美国第一大气田。

---

① The Market Structure of Shale Gas Drilling in the United States. https：//media. rff. org/documents/RFF-DP-14-31-REV. pdf. 2016-02.

2005～2014 年，美国页岩气产量猛增。迄今开发最活跃的页岩是巴尼特页岩、海恩斯维尔/博希耶页岩、安特里姆页岩、费耶特维尔页岩。由于致密油和页岩气开发，美国原油和天然气产量分别上升了约 34% 和 65%。仅来自宾夕法尼亚州的页岩气供应就相当于整个卡塔尔的天然气出口能力，而且在 2012 年，美国成为世界第二大天然气出口国。根据初步评估[①]，在美国和其他 41 个国家的页岩区地层中储存着约占全球 10% 的技术可采原油和 32% 的天然气。

目前，美国已经有 655 个钻探公司钻探了近 40000 口页岩气井，其中绝大部分的页岩气井是由有限的几个大型独立石油和天然气勘探与生产企业所钻探的。在 655 个钻探公司中，34% 的公司只钻探了 1 口井，26% 的公司钻探了 2～5 口井，相比之下，Chesapeake Energy、Devon Energy、XTO Energy 和 Southwestern Energy 这 4 个最为活跃的公司钻探了 15495 口井，占总数的 40.6%；前 30 大公司总计钻探了 29679 口井，占总数的 77.8%。其中，在这 30 个公司中，有 27 个是独立的油气勘探和生产公司，而非综合性油气公司。

美国致力于通过非常规油气的开采实现美国"能源独立"的梦想。天然气产量方面，2005 年止跌回升，2011 年再创新高，2013 年达到 6875 亿 m^3。对外依存度方面，从 2000 年的 16% 下降到 2013 年的 5%，在 2018 年已经实现净出口。

1.4.2 欧洲

2013 年，EIA 估计欧洲约有 470 万亿 ft^3 的可采页岩气储量，相当于美国储量的 80%。尽管页岩气已经对美国能源市场产生了革命性影响，但是欧洲页岩气前景存在非常多的不确定性，市场开发比较谨慎，总体进展缓慢[②]。由于天然气需求的增长可能促进欧洲页岩气的开发，但因油气开采的能力、开采难度、相关设备，以及熟练工人的缺乏、人口密度大、环境影响、同其他能源竞争等原因，欧洲页岩气开采在 10 年内都很难达到商业化水平[③]。波兰、英国、法国、乌克兰、罗马尼亚和德国都有大量潜在页岩气储量，但这些国家目前只有 55 座钻井平台在工作。况且，这些国家受本国能源局势和政策影响，页岩气开发进展将

---

① New Energy, New Geopolitics. http：//csis. org/publication/new-energy-new-geopolitics. 2014-04-10.
② 页岩气只是遥远的前景. http：//www. cet. com. cn/nypd/trq/1473676. shtml. 2015-02-27.
③ Cracking Europe's shale gas potential. https：//www. ey. com/en_ gl. 2013-12.

各不相同。

1. 各国对页岩气开发持不同态度

英国和波兰被公认为21世纪20年代中期页岩气生产会商业化的两个国家。因为它们都具有页岩气商业化的先决条件，包括页岩气储量规模、持积极态度的政府、公众对勘探的支持，以及美国油服公司的参与。

在英国，迄今为止有标志性的活动是环境风险评估、二维和三维地震、探井流量测试，以及包括道达尔、英力士、森特里克能源在内的大公司投资。英国近期的陆上许可、政府税收优惠，以及非法入侵法的修订，有望在未来两年将钻井数量增至20~40口。另外，英国还有能满足生产需求的输电和配电网络。由于北海地区的产量下降，英国政府开始推动页岩气开发。虽然最新调查发现，超过50%的受访者支持页岩气开发，但反对呼声仍很高。

波兰拥有欧洲已知最大的页岩气储量、强大的公众及政府支持。2005年起，波兰已钻66口井，但塔里斯曼能源、马拉松石油和埃克森美孚已相继退出波兰页岩气领域。虽然波兰政府因急于结束对俄罗斯天然气的依赖而支持页岩气，但其还未制定新的能源法规。此外，将页岩气供应与市场连接的管道等基础设施也比较匮乏。

在法国，2012年颁布的水力压裂禁令仍继续有效，公众对页岩气的敌意依然存在，但道达尔一个子公司近期获得3项在法国南部地区进行勘探的许可，该地区被认为有84万亿 ft³ 页岩气储量。

在欧洲其他地区，乌克兰的冲突导致埃克森美孚原有投资计划的谈判暂停，保加利亚页岩禁令和公众反对仍在继续，立陶宛的页岩气开发已成为国家的优先选项。

2. 欧洲页岩气开发问题分析

欧洲页岩气开发缓慢的原因主要有以下三点。

一是公众对页岩气开发的接受程度，这是页岩气开发的先决条件。在英国、保加利亚、西班牙、德国和法国，许多民众的态度是消极的。虽然目前技术方案可避免对水污染的担忧，但甲烷排放和环境破坏逐渐引起人们注意。

二是高成本开发。欧洲更深的页岩层和复杂的地质情况增加了勘探成本，欧洲页岩资源深度在5000~6000m，而美国则为3000~4000m。根据彭博社2014年11月的报道，如果幸运的话，在波兰钻一口6562ft深的水平井需花费1100万美元。在美国成功运用的技术在波兰可能并不适用，必须先开展扎实的基础研发工作，否则相比于天然气、可再生能源、煤炭等竞争能源，页岩气难以保障收支平衡和供需平衡，只有页岩气有价格优势才会被消费者青睐。

三是气价的不确定性。因为美国页岩气进口和颇具竞争力的价格在一定程度上会影响欧洲页岩气开发决策。

其他一些问题还包括综合的天然气管网建设、配套的能源政策等。

为了进一步解决欧盟页岩气开发的问题，2015 年 2 月 23 日，欧盟在比利时布鲁塞尔举行以"低碳欧洲：页岩气科学研究的作用"为主题的研讨会。此次会议透漏出的主要信息是：欧洲页岩气储量的不确定性进一步增加了达成科学共识的难度，而要达成科学共识可能还需 10 年的时间[1]。根据与会专家的意见，这些不确定性需要一个全球性的方法来解决，其中美国、加拿大和欧盟之间的合作特别重要。来自北美和欧洲的一些专家表示，一些示范点可被用于认识页岩气开发的环境后果和金融成本。这些专家希望各国能够联合起来，以便拿出可靠的数据。但是，这种跨越大西洋的对话和合作会经历一些困难和考验，具体表现在以下几个方面。

（1）储量的不确定性。目前，对欧洲页岩气可采储量估值差异巨大，最低值为 2.3 万亿 m^3，而最高值达 17.6 万亿 m^3。若未来的进一步勘探，可能会消除这一障碍，但这并不是最大的绊脚石，最困难的是在面对开采的不确定性之前，相关公司需要先得到政治家及当地社区的许可。

（2）缺少数据。问题的焦点在于社区不相信政治家，因此科学证据成为取得共识的唯一路径。由于页岩气开发的环境影响评估过程很长，欧洲先前并未开展相关的科学监测，而北美经验难以借鉴，因此缺少科学数据是一个主要问题。

（3）寻找科学证据需要更多的时间。为了做出更明智的决策，爱丁堡大学（University of Edinburgh）认为需要开展页岩区块的示范，以提供很多的相关信息，由于每个页岩区块都各有其特点，所以单一示范点可能不够，因此需要在不同背景下设置多个示范点。在此背景下，可能需要 10 年时间。

（4）包容性研究。需要一个全面的方法，来了解水力压裂对环境有哪些影响，需要知道钻井、压裂、完井、生产、封井各需要多少能源和化学品、水及污染物。

（5）地缘政治。除了这些科学和政治声明，了解地缘政治问题也很重要。在明知页岩气开发可能会引发社会对立风险的情况下，应充分了解政府、社区和公司的责任。

---

[1] Scientific Consensus On Shale Gas Could Take 10 Years. http：//www. naturalgaseurope. com/scientific-consensus-shale-10-years-22290. 2018-05-19.

事实上，页岩气在欧洲的开发应用并不乐观。在布鲁塞尔会议上，欧盟委员会环境总干事 Karl Falkenberg 表示：欧洲能源不会为页岩气而改变游戏规则，英国和波兰是其最后的支持者。意大利埃尼公司也放弃了和美国雪佛龙公司有关页岩气项目的合作；2015 年 1 月 28 日，苏格兰禁止水压裂开采非常规油气；2015 年 4 月，德国通过了禁止水力压裂实际应用的法案；超过 40000 名英国民众签署了一份由地球之友分发的请愿书，数百人在议会抗议，这些民众担心水力压裂法的安全性，以及它是否会污染水源并导致地震。

1.4.3 中国

我国页岩气开发起步较晚。"十二五"期间，中国明确提出"推进页岩气等非常规油气资源开发利用"。为了落实国家规划，科技部、中科院相继部署和参与国家科技重大专项"大型油气田及煤层气开发"、中科院先导专项"页岩气勘探开发基础理论与关键技术"、国家 973 计划"超临界二氧化碳强化页岩气高效开发基础"等研发与应用项目，使我国初步具有页岩气资源评价技术、勘探技术与开采技术的能力，建成四川长宁-威远和云南昭通这两个国家级页岩气开发示范区。截至 2014 年 7 月底，全国共设置页岩气探矿权 54 个，面积 17 万 km^2；累计投资 200 亿元，钻井 400 口，其中水平井 130 口；累计完成二维地震 2 万 km^2，三维地震 $1500km^2$。

2013 ~ 2015 年，中国石油化工集团有限公司（简称"中石化"）、中国石油天然气集团有限公司（简称"中石油"）、延长石油相继在四川、鄂尔多斯盆地的长宁、威远、昭通、涪陵、延长等地取得突破，获得三级储量近 5500 亿 m^3，形成年产 15 亿 m^3 产能，建成首条 93.7km 的输送管道，累计生产页岩气 6.8 亿 m^3。2015 年有望达到或超过 65 亿 m^3 的规划目标。

目前，我国页岩气勘查开发技术及装备基本实现国产化，水平井成本不断下降，施工周期不断缩短。已初步掌握了页岩气地球物理、钻井、完井、压裂改造等技术，具备了 4000m 以浅水平井钻井及分段压裂能力，自主研发的压裂车等装备已投入生产应用。水平井水平压裂最多 22 段，最长 2130m，少数页岩气钻井深度超过 5000m。水平井单井成本从 1 亿元下降到 5000 万 ~ 7000 万元，钻井周期从 150 天减少到 70 天，最短 46 天，我国开始进入规模化开发初期阶段。

1. 湖北

2013 ~ 2014 年，湖北省国土资源厅和中国地调局武汉中心相继在鄂西地区部署了 6 个页岩气资源调查评价项目；国土资源部于 2012 年在恩施地区投放了两个页岩气勘探区块，华电集团成功中标并已全面展开勘查工作，在宣恩实施的一个探井见到了良好的页岩气显示；中石化江汉油田分公司于 2013 年申请在湘鄂西Ⅰ、Ⅱ两个常规油气区块中增列矿种，开展页岩气勘查，在与壳牌公司合作的区域内完成了 2 口探井；中石油浙江油田公司在荆门常规油气区块中实施页岩气探井，也有良好的页岩气显示。

根据规划，到 2016 年，湖北省将基本完成页岩气资源潜力调查与评价，加快恩施、宜昌地区勘探开发步伐，初步实现规模化生产；到 2020 年，将鄂西建成与渝东同步发展的页岩气勘探开发区，在江汉盆地周边地区取得页岩气勘探开发重大突破。

2. 四川

在四川长宁–威远国家级页岩气开发示范区，已试验成功形成页岩气直井压裂技术、水平井分段压裂技术。目前，长宁–威远国家级页岩气示范区内钻井 27口，完钻 19 口，直井日产量 0.2 万 ~ 3.3 万 m^3，水平井日产量 1 万 ~ 16 万 m^3。

2014 年 3 月，中石化宣布，在重庆发现了我国首个大型页岩气田——涪陵页岩气田。截至 2015 年 10 月，经国土资源部连续评审认定：涪陵页岩气田是典型的优质海相页岩气，涪陵页岩气田探明含气面积从 107km^2 扩大为 384km^2，探明储量从 1068 亿 m^3 增加至 3806 亿 m^3，成为仅次于北美的全球第二大页岩气田。截至 2015 年 9 月 28 日，重庆涪陵页岩气田共完钻 227 口井，投产 146 口井，建成年产能 42.35 亿 m^3，累计产气 30.15 亿 m^3，成为我国首个实现商业化开发的页岩气田。

中石油在四川长宁、威远等区块也实现勘查突破，获得三级储量 2000 多亿立方米，截至 2014 年 9 月，中石油西南油气田四川长宁区块已累计生产页岩气 6592.4 万 m^3，示范区日产气量达 70 万 m^3，显示这一区块良好的开发前景。

目前，我国页岩气的快速发展对加快我国能源结构调整，缓解我国中东部地区天然气市场供应压力，加快节能减排和大气污染治理具有重要意义。

3. 安徽

安徽省位于下扬子地区海相地层，即长江下游被郯庐断裂和江绍断裂所限制的大型海相沉积分布区，页岩气地质赋存条件优越，含气页岩分布广泛，资源潜力巨大。根据中国地调局调查资料圈算，安徽省页岩气地质资源量约为 3.37 万亿 m^3，属全国页岩气五大优选地区之一。

2014 年 12 月 18 日，安徽省顺利完成"安徽芜湖下扬子西部区块页岩气勘查项目"，该项目涉及合肥、芜湖、马鞍山、铜陵和宣城五市，经过钻探后发现该区域具有良好的含气性，展现出可观的勘探开发前景①。

早在 2010 年 12 月，中海石油有限公司就取得下扬子西部页岩气区块探矿权，面积为 4839.95km²。为切实加快页岩气勘查进展，尽早探明该区块页岩气地质储量，加速推进页岩气规模化商业开发，中海油在广泛开展前期踏勘、分析化验、地震采集、测井调查、取心钻探、综合研究的基础上，于 2014 年 3 月 1 日在紧邻芜湖市鸠江区沈巷镇的马鞍山市含山县铜闸镇上，开钻第一口页岩气探井，共完成井深 3001m。

4. 内蒙古

2015 年 2 月，内蒙古实施的鄂页 1 井取得重要进展②。鄂页 1 井设计井深 3550m，完钻井深 3568m。经压裂造缝贯通整个页岩层段后形成了工业气流，最大产能 5 万 m³/d。鄂页 1 井气测异常较好，随着压后液体的返排量增多，产量有可能进一步增加，具有进一步开发利用的价值。

5. 河南

2015 年 11 月 25 日，河南省地质勘查队伍在中牟页岩气勘查区块中发现丰富的页岩气资源③。该区块位于河南省中牟县、开封县和尉氏县境内，涉及 36 个村庄，工区东部贾鲁河和涡河贯穿，东北部文物古迹星罗棋布。经钻探发现，在地下 2700 ~ 3000m 的地层中，含有大量丰富的页岩气。经初步估算，中牟区块 3500m 以上页岩气总储量为 2124.99 亿 m³，技术可采储量为 127.5 亿 m³；在西姜寨有利勘查区，埋深 3500m 以浅的页岩气，总地质储量为 545.07 亿 m³。

由于页岩气开采技术复杂并面临诸多困难，对于河南省页岩气赋存状态来说，目前尚无可借鉴的开采技术，一切都需要积极探索。

6. 江西

2014 年，江西省地矿局与江西省天然气控股有限公司共同出资成立江西省页岩气投资有限公司，来开展修武盆地页岩气区块勘查工作，这也是江西省首个页岩气勘查项目，区块位于修水、武宁两县境内，勘查面积 598.28km²。当年 10 月 21 日在武盆地页岩气区块开钻第一口井"江页 1 井"，标志着江西页岩气勘查开发进入实质性阶段。

---

① 湖下扬子西部区块地下蕴藏页岩气 具备勘探开发前景 . http：//365jia.cn/news/2014-12-18/2805ADFF0280028A.html. 2014-12-18.

② 内蒙古页岩气勘查取得突破 . http：//www.zrzyb.net/yaowen/20150213_ 81308.shtml. 2015-02-13.

③ 河南中牟发现页岩气 . http：//yxj.ndrc.gov.cn/zttp/trqyfddzl/2014trq/201412/t20141218_ 652625.html. 2015-11.

7. 贵州

贵州是全国首个完成页岩气资源系统评价的省份①。目前，已经基本查明贵州潜质页岩发育层系 7 个、页岩气地质资源量 13.54 万亿 m³，可采资源量 1.95 万亿 m³。

8. 甘肃

2015 年 9 月，甘肃组织实施的陇东第一口页岩气调查井取得成功，发现三层含气页岩。根据气测录井显示和现场对 100 个样品进行气含量解吸、78 组样品进行气成分测试，含气量和厚度较大的含气页岩有三层，深度分别在 1838m、1922m、2027m 左右，厚度分别在 36m、26m、28m 左右。通过对现场解吸气点火试验，3 个层段所采气样均可点燃，气测录井显示，甲烷含量占总气体的 70% 左右，甲烷、乙烷、丙烷、丁烷含量占总气体 90% 以上，具有较好的勘探开发前景。

我国页岩气开发尚处于起步阶段，各地进展不一。总体上，目前我国大部分页岩气开发技术仍是借用美国在页岩气开采方面的经验，虽然可以实现国产化，但是创新能力不足，有些技术无法适用于我国的地质和岩层类型；过大的泥浆、井液比重会导致地层漏浆、漏水加重、井壁垮塌和压裂效果不理想等情况；特别是我国页岩气储集层深度大，地表条件更为复杂且水资源极度缺乏，因此要使我国页岩气进入产业化规模化开发阶段，必须要对关键技术攻关创新。

在管网建设上也存在瓶颈。2013 年年底，我国油气管道总长已超过 10 万 km。其中天然气管道约 6800km，但互联度低，应扩大管网的覆盖面。

此外，还应重视成本核算。一方面应加大投资，加强钻探，并吸引社会资本进入；另一方面可延长开采页岩气的补贴政策并加大政府资金的扶持力度。

1.4.4 印度尼西亚

随着一次能源消费量不断攀升、油气产量持续下滑，印度尼西亚开始寄希望于页岩气的开发。2001 ~ 2010 年，印度尼西亚一次能源消费总量上升了 50%，2009 年印度尼西亚还曾是全球第六大天然气净出口国，但到了 2011 年，却连油气产量目标都无法完成，使得印度尼西亚不得不寻求购买液化天然气（LNG）现货以贴补供应空缺。

---

① 贵州完成页岩气资源评价 可采量 1.95 万亿立方米 . http：//www. gywb. cn/content/2015-05/19/content_ 3110015. htm. 2015-05-19.

为了解决本国的能源消费问题，印度尼西亚希望复制美国页岩气的繁荣。2013 年 5 月，印度尼西亚国家石油公司（Pertamina，简称"印尼国油"）签署了苏门答腊岛北部地区 Sumbagut 区块非常规油气产品分成合同，在该地区展开页岩气勘探活动，这是印度尼西亚第一个非常规油气产品分成合同，也是印度尼西亚第一个页岩气项目。Sumbagut 区块预计拥有 19 万亿 ft³ 页岩气储量，印尼国油将通过子公司 PHE MNK Sumbagut 在未来 6 年对 Sumbagut 区块进行初期调研，并在随后 4 年里展开勘探活动。印尼国油已为 Sumbagut 区块预留了 78 亿美元的开发资金，希望在 2020 年能够正式投产。

1.4.5 白俄罗斯

2014 年 9 月 18 日，白俄罗斯在位于列奇察地区的 310 号钻井致密层中钻取页岩气，这是白俄罗斯石油史上首次开采页岩资源。

列奇察地区是白俄罗斯石油开采的主要地区，自 1965 年，该地区已开采出超过 1.25 亿 t 石油和 140 亿 m³ 石油气。白俄罗斯国家石油公司（Belorusneft）是该地区主要的开采商。随着传统可采石油资源开采殆尽，公司开始将目光转向页岩资源。

Belorusneft 是国有垂直一体化石油公司，成立于 1966 年，从事勘探生产、油服、天然气加工和销售等业务，拥有 40 多家子公司，遍布白俄罗斯、俄罗斯、乌克兰、委内瑞拉、厄瓜多尔和波兰，经营着 525 个加油站，在列奇察地区拥有一座大型天然气处理厂。

1.5 本 章 小 结

页岩气是一种非常规天然气，甲烷等烷烃含量占有极大比例，因其储存不均，需要开发特殊的开采技术。随着美国页岩气开发技术的进步，美国页岩气被成功开采，其页岩气产量得到快速增长，引起了欧洲、亚洲等国家的极大关注，但是由于不同国家的文化、技术发展的不平衡，目前只有中国在完成页岩气储量调查后开始了页岩气开发活动，英国、荷兰等欧洲国家因担心页岩气压裂技术带来的环境风险，认为需要在开展环境评估后才可以进行钻井活动。

第 2 章 页岩气勘探开发主要技术

众所周知，由于页岩气开采技术的创新与进步，带来了美国页岩气产业的蓬勃发展。与常规天然气开发技术相比，页岩气开发技术分为资源评价、开采选区、地震甜点预测、储层改造等主要阶段，本章通过对页岩气不同开发技术的分析，了解页岩气开发不同阶段的主要目标和运用的手段。

2.1 页岩气资源评价技术

页岩气资源评价是指对某一地区页岩气的资源状况（页岩气的储量及分布情况）进行评价，它是页岩气勘探开发的必经环节。在对某一地区进行页岩气研究工作之前，首先要对该地区进行资源评价工作，判断该地区是否具有进一步研究的价值。由于页岩气聚集机理特殊，具有源岩储层化、储层致密化、聚气原地化、机理复杂化、分布规模化等特点，是非常规储层天然气中的重要类型，其规模和数量的准确评价相对困难，传统的资源评价方法无法直接应用，需要有专门针对页岩气资源的评价方法。

目前，国内外已开展多种页岩气资源潜力的评价方法的研究，按照评价方法原理，可分为成因法、类比法、统计法和综合法等四类。其中，成因法包括直接法（饱和残留烃法）、间接法（TOC 法、氯仿沥青"A"法、总烃法、产烃率法）和盆地模拟法；类比法包括面积丰度类比法、体积密度类比法、含气量类比法、EUR 类比法和体积速率法等；统计法包括体积法、概率体积法、评价单元划分法、FORSPAN 法、物质平衡法、递减曲线法和规模序列法等；综合法包括德尔菲法等。

发达国家在开展页岩气资源潜力的评价时，常常多种方法齐用。例如，在勘探的初期需要探明气的总储量，国外常采用快速可靠的类比法和体积法；开发过程中，随着开采的进行气量下降则采用物质平衡递减法或数值模拟法进行计算。由于中国页岩气勘探开发尚处于初级阶段，地质资料少、认知程度低，较多采用以概率体积法为主，以类比法、统计法等为辅的综合评价法。

2.1.1 技术原理与方法

页岩气资源评价技术的原理是根据已知资料和数据通过数理统计分析、类比分析、推理分析和经验分析等手段定量计算得出该区页岩气数量。

根据参与计算的资料和数据，页岩气资源量可以进一步分为地质资源量、可采资源量和储量。地质资源量是以静态地质参数资料为基础计算出来的当前可采利用或可能具有潜在利用价值的页岩气总量。可采资源量是地质资源量的进一步计算，即依靠现行的经济及技术条件，预期能够或有可能从某一范围内（最终）采出具有经济意义的页岩气数量。储量是以生产动态资料为基础计算出来的在当前技术和条件下能够采出的具有经济价值的页岩气数量。

页岩气资源评价的流程可以简单概括为：通过基础地质资料确定页岩分布区域与层位，掌握页岩发育地质条件，结合已有资料确定资源评价方法进而进行资源量的计算及可信度分析。具体流程如图 2.1 所示。

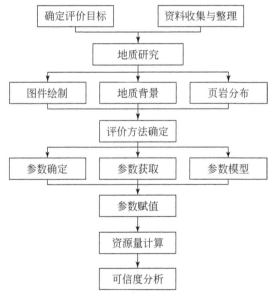

图 2.1 页岩气资源评价流程图

（1）确定评价目标。在计算某区资源量之前首先确定评价区域及评价层位。

（2）评价区研究现状掌握。通过评价区已有的区域地质、钻井、测井、实验等资料情况了解评价区的研究现状。

（3）资料收集与整理。通过文献调研、野外勘探、测井解释、地震解释、实验测试、借阅资料等方式收集评价区资源评价所需的基础数据资料，为资源评价工作提供资料基础。

（4）地质研究。根据所整理的岩石学特征、构造剖面等结合沉积、构造等资料研究页岩发育地质背景及空间分布。系统分析页岩发育地质概况、储层特征、有机地球化学特征、岩石学特征等，研究页岩气成藏条件、保存条件及含气性特征。

（5）图件绘制。在研究过程中，绘制潜质页岩厚度等值线图、埋深等值线图、TOC 等值线图、Ro 等值线图、孔隙度等值线图、含气量等值线图、地层综合柱状图、矿物组分分布图等关键图件。

（6）评价方法确定。根据评价区沉积、构造等实际地质背景，结合已有资料及可能获得的资料确定适合该评价区资源评价方法。

（7）关键参数确定与赋值。根据所选方法确定所需的关键参数，在已有资料的基础上通过统计整理、关系计算、类比分析、图版预测等方法获取关键参数数据。结合页岩气成藏及富集条件，根据参数分布规律确定参数取值范围，并根据实际情况通过平均取值、概率赋值、三角分布等方式对参数进行赋值。

（8）资源量计算。根据所选方法及关键参数数据进行评价区资源量计算。

（9）可信度分析。对评价结果进行误差分析，地质背景、认识程度、方法选取、参数变化、数据质量、计算精度等都能影响评价结果。

2.1.2　资源评价技术方法

目前，国内外已形成非常多的页岩气资源评价方法，按勘探开发生产及操作可将其分为静态资源评价方法和动态资源评价方法两类，而根据各方法所依据的原理，又可将其分为成因法、类比法、统计法（包括体积法等）和综合法四类。不同勘探程度的盆地或凹陷，应选择与之相适应的评价方法。一般情况下，在勘探程度相对较高的地区，推荐以体积法为主、类比法为辅进行资源评价；在勘探程度较低的地区，推荐采用类比法进行评价。本节将按照各方法原理，依次介绍成因法、类比法、统计法和综合法。

1. 成因法

成因法主要从页岩气生成理论出发，基于物质平衡原理，若页岩气的生成量（$Q_生$）未达到孔隙空间的容纳量，页岩气量（Q）即为其生成量，若页岩气的生成量超过孔隙空间的容纳量（$Q_容$）时，则页岩气可以理解为是泥页岩在生气及排气（排气量为$Q_排$）后保留在泥页岩中的产物，即

$$Q = Q_生 （Q_生 \leq Q_容）$$

$$Q = Q_生 - Q_排 = Q_容 （Q_生 > Q_容）$$

成因法根据数据资料及计算手段主要有直接法（饱和残留烃法）、间接法（TOC法、氯仿沥青"A"法、总烃法、产烃率法）和盆地模拟法。

1）直接法（饱和残留烃法）

页岩从生烃门限开始生烃到排烃门限气体外逸时，储集空间中的页岩气量达到最大值，此时，储层中页岩气量即为饱和残留烃。所以利用排烃门限深度及其对应的烃产率可近似计算页岩气资源量，具体步骤如下：①确定排烃门限深度及相应的温压及热演化程度，一般情况下，生烃潜力指数随埋深的增加先增大后减小，最大值对应的深度即为排烃门限深度。再根据地温梯度得出排烃温度（$T_排$）及有机成熟度（Ro）；②确定排烃门限深度时的产烃率，根据岩样进行热模拟实验可确定其到达排烃门限时的产烃率；③计算饱和残留烃，根据排烃门限时产烃率、TOC等计算单位质量岩样饱和残留烃；④计算页岩气资源量通过页岩面积、厚度、密度、单位质量饱和残留烃可近似计算页岩气资源量。

2）间接法

间接法即是通过生烃量减去排烃量从而得到残烃量的思想，基于该类型的方法主要有TOC法、氯仿沥青"A"法、总烃法和产烃率法，基本公式为

$$Q = \rho S h M （1 - K）$$

式中，Q为页岩气资源量，亿 m^3；ρ 为泥页岩密度，g/cm^3；h为泥页岩厚度，m；S为页岩面积，km^2；M为经过各参数恢复后的生烃量，m^3/t；K为排气系数，无量纲。

饱和残留烃法、TOC法、氯仿沥青"A"法、总烃法及产烃率法其计算公式都是在理想状态下推导出来的，在地质过程复杂、非均质性较大的地区计算结果会产生较大误差。在演化程度过高的地区，干酪根会发生变质，不再产气，所以在此条件下也不适用，而且对排烃系数的准确获取仍然是一个难题，目前尚没有有效的计算模型，人为主观性较大，相比来说，饱和残留烃法比间接法计算的精度较好，但仍仅适用于低勘探程度的地区，为勘探开发提供一定的指导作用。

3）盆地模拟法

页岩气盆地模拟法是利用软件技术通过模拟盆地五史（沉降史、沉积史、地

热史、生烃史及构造史）来获得盆地资源潜力的一种方法。页岩气藏不同于常规油气，属于原地成藏，在盆地模拟中不考虑其运聚问题，在盆地模拟评价过程中需要考虑其沉降、埋藏、沉积环境、地热、生烃及保存问题，其中构造对页岩气藏保存问题起直接作用，且认为页岩气极短距离的初次运移也是对保存的一种破坏，所以在盆地模拟法中需考虑其自身的五史，在评价过程中，该方法会用到大量的地球化学参数、地质资料及油层物理等参数，并充分考虑到各参数的空间非均质性及之间的空间匹配关系，是一种动态模拟页岩气资源分布的技术。

盆地模拟法在模拟过程中充分考虑了地质非均质性，计算结果精确度高，但是模拟过程复杂，需要运用软件，评价难度会相应增高，而且评价过程中需要的数据资料繁多，所以该方法适用于中–较高勘探程度地区。

2. 类比法

类比法也叫地质类比法，主要基于类比原理，通过已知区资源量来推测未知评价区资源量的一种间接评价方法。类比法的具体做法是，对于待评价区，选取成藏条件和成藏机理与之相似的且已勘探开发成功的页岩气盆地作为类比区，由已知类比区的页岩气资源丰度估算待评价区的页岩气资源丰度。

类比法的适用条件是：①预测区的油气成藏地质条件基本清楚；②类比标准区已进行了系统的页岩油气资源评价研究，且已发现油气田或油气藏；③预测区和标准区的油气成藏地质条件类似①。

在评价过程中，类比参数主要有页岩气成藏地质参数（页岩厚度、埋深、有机质类型、TOC、Ro、孔隙度、渗透率、矿物组成、裂缝发育情况、地层压力、页岩含气性等）和生产动态参数（页岩气产量、动态变化、EUR 等）等。

类比法主要步骤包括：①根据评价区与标准区勘探程度及已有资料确定类比参数；②根据实际评价情况确定参数类比评分标准；③根据类比评分标准计算类比系数；④计算评价区页岩气资源量。

根据具体操作方法的不同，类比法可以分为面积丰度类比法、体积密度类比法、含气量类比法、EUR 类比法和体积速率法等。

1）面积丰度类比法

面积丰度类比法是在已知标准区面积资源丰度的基础上进行类比计算，公式为

---

① 董大忠，程克明，王世谦，等. 页岩气资源评价方法及其在四川盆地的应用. 天然气工业, 2009,
(5): 33-39.

$$Q = S \times a \times P_s$$

式中，Q 为评价区页岩气总资源量，亿 m^3；P_s 为标准区页岩气资源面积丰度，亿 m^3/km^2；S 为评价区的有效面积，km^2；a 为类比系数。

2）体积密度类比法

体积密度类比法是在已知标准区体积资源丰度的基础上进行类比计算，公式为

$$Q = V \times a \times P_v$$

式中，Q 为评价区页岩气总资源量，亿 m^3；P_v 为标准区页岩气资源体积密度，亿 m^3/km^2；V 为评价区的体积，km^3；a 为类比系数。

3）含气量类比法

含气量类比法是在已知标准区含气量的基础上进行类比计算，公式为

$$Q = S \times h \times \rho \times q \times a$$

式中，Q 为评价区页岩气总资源量，亿 m^3；h 为评价区页岩厚度，m；ρ 为评价区页岩密度，g/cm^3；q 为标准区含气量，t/m^3；a 为类比系数。

4）EUR 类比法

EUR 类比法是在已知标准区 EUR 的基础上进行类比计算，公式为

$$Q = \frac{S}{A} \times EUR \times a$$

式中，Q 为评价区页岩气总资源量，亿 m^3；S 为评价区有效面积，km^2；A 为单井井控面积，km^2；a 为类比系数。

5）体积速率法

沉积体积速率是岩体沉积的平均速度，一般情况下，沉积速率越大，所堆积的沉积岩体积及有机质含量就越大，易形成稳定的还原环境，有利于有机质向油气的转化及已生成油气的聚集与保存，进而油气资源丰度就越大。本方法是通过已知资源量的标准区的资源量与体积速率的关系来类比得出评价区的关系，进而计算评价区页岩气资源量，以下为具体步骤。

（1）求取标准区页岩体积速度，公式如下：

$$v = \frac{S \times h}{沉积岩年龄}$$

式中，v 为标准区沉积速度，km^3/Ma；S 为标准区页岩有效面积，km^2；h 为标准区平均厚度，km。

（2）将多个标准区的页岩气资源量与沉积体积速度代入关系方程，确定 m、n 值：

$$\lg Q = m \times \lg v + n$$

（3）类比计算评价区的资源量。

面积丰度类比法、体积丰度类比法和含气量类比法、EUR 类比法中涉及的直接参数为：页岩面积、厚度、密度、标准区资源面积丰度、标准区资源体积丰度、标准区含气量、标准区 EUR 和类比系数。体积速率法主要涉及的直接参数为页岩面积、厚度、页岩年龄和类比系数。其中，类比系数的求取是关键。

类比法是一种简单快速的评价方法，要求评价区与标准区的地质成藏条件相似，且对标准区的选取条件较高，因此适用范围比较窄。在评价过程中往往会忽略地质参数的微观非均质性，且参数类比标准的确定及类比系数的计算有很大的主观性，故资源量的计算精度不高，适用于低勘探程度的地区。

3. 统计法

统计法是基于数理统计原理，通过系统收集及分析大量的数据成果资料，建立相应的预测模型进而进行资源量的估算。统计法主要包括体积法、概率体积法、评价单元划分法、FORSPAN 法、物质平衡法、递减曲线法等。

1）体积法

非常规储层天然气的聚集机理和过程复杂，故一般采用体积法进行资源量计算。体积法是我国目前应用最为广泛的方法，也是精度相对最高的方法。此方法直接涉及的参数主要有面积、厚度、密度及含气量，即单位质量页岩的页岩气量与评价区页岩总重的乘积：

$$Q = 0.01 \times S \times h \times \rho \times q$$

式中，Q 为页岩气地质资源量，亿 m^3；S 为含气页岩分布面积，km^2；h 为有效页岩厚度，m；ρ 为页岩密度，t/m^3；q 为总含气量，m^3/t。

体积法涉及的直接参数主要有：有效页岩面积、厚度、密度、含气量。其中含气量是关键参数，目前含气量的获取方法主要有现场解析法、测井解释法、等温吸附法、类比法、统计法和图版法等。相对来说现场解析法获得的含气量值精度最高，测井解释法和等温吸附法次之。

2）概率体积法

对于页岩气资源来说，其分布通常没有唯一确定的物理边界，加之中国的页岩气类型多且地质条件复杂，相关计算参数难以准确把握，故需要使用概率法原理对计算参数进行筛选赋值、分析计算和结果表征，即概率体积法①。概率体积法把概率论赋予在体积法参数赋值中并结合蒙特卡洛原理进行结果计算：

$$Q_P = 0.01 \times S_P \times h_P \times \rho_P \times q_P$$

式中，P 为各参数的赋值概率，不同概率赋值所代表的地质含义不同，如表 2.1 所示。

表 2.1　概率取值所代表的地质含义

条件概率	参数条件及页岩气聚集可能性	把握程度	赋值参考	
P_5	非常不利，机会较小	基本没把握	勉强	乐观倾向
P_{25}	不利，但有一定可能	把握程度低	宽松	乐观倾向
P_{50}	一般，页岩气聚集或不聚集	有把握	—	—
P_{75}	有利，但仍有较大的不确定性	把握程度高	严格	保守倾向
P_{95}	非常有利，但仍不排除小概率事件	非常有把握	苛刻	保守倾向

概率体积法，将计算参数概率赋值，直接参数变为：页岩的概率面积、概率厚度、概率密度和概率含气量。概率体积法是在体积法的基础上加以改进，精确度比体积法更高，它不需要产量数据，只需相应的地质参数即可，因为参数需要概率赋值，所以各参数收集的数据资料越多，评价结果越准确。因此该方法适用于页岩气勘探中后期。

3）评价单元划分法

评价单元划分法主要基于有限元原理，将评价单元分为若干个评价子区域进行页岩气资源评价。该方法可以依据大量的地质参数也可以结合动态生产数据，主要思路是各子单元分别根据实际情况求取资源量再加和，主要步骤包括如下 5 方面。

（1）井控单元划分：在页岩气藏中，一口页岩气井（开发井、资料井等）能控制的资源量是有限的，根据页岩储层特征、构造特征、流体特征和钻井技术等因素决定页岩气井控面积，进而进行井控单元划分。

（2）类比单元划分：对评价区内井控面积以外的区域进行划分，要求划分的类比单元地质成藏条件与邻近的井控单元相似。

---

① 张金川，林腊梅，李玉喜，等. 页岩气资源评价方法与技术：概率体积法. 地学前缘，2012，19（2）：184-191.

(3) 井控单元资源量计算：井控单元内有含气量数据或生产井数据，各井控单元根据体积法或 EUR 法进行资源量计量。

(4) 类比单元资源量计算：通过类比单元与邻近地质条件相似的井控单元类比参数得出类比系数，通过类比法得出含气量或 EUR 数据，进而进行类比单元资源量计算。

(5) 评价单元资源量计算：井控单元与类比单元资源量的总和即为评价单元资源量。评价单元划分法有两种处理方案：第一种方案是将评价单元根据生产井或有资料井划分成井控单元和类比单元，此方案涉及的参数有井控面积、井控单元 EUR（若为含气量，则还包括有效页岩厚度、密度）和类比系数，该方案考虑了参数的非均质性问题，提高了评价结果的精度，但是类比系数主观性较大，又会造成误差。第二种方案是如果资料在评价区是均匀分布的，则按照沉积构造、成藏保存条件、参数分布情况等分成若干个小单元，每个小单元内分别计算后再加和。此方案不仅考虑了参数的非均质性问题，还不用担心类比系数的影响，大大提高了评价结果可信度。

4）FORSPAN 法

FORSPAN 法是美国地质调查局于 1995 年对连续性油气进行资源评价时提出的[①]。相较于体积法-概率体积法等以地质特征视为概率变量进行资源量计算，FORSPAN 法是以生产井的动态生产数据为基础的，是用评价区内以开发资源量对未开发但有增储潜力的潜在资源量进行预测。该方法将评价单元分为三部分：已被生产井证实的单元（井控单元）、未被钻井证实的单元和未被生产井证实但有增储潜力的单元，如图 2.2 所示。

使用 FORSPAN 模型进行页岩气资源评价的关键点在于：①评价单元划分；②确定评价单元最终油气采收率（EUR）模型；③地质风险和开发风险评价；④潜在未发现资源评价。

评价过程中主要计算四部分参数：评价单元特征、未被钻井证实单元中具有增储潜力的井控单元面积、未被钻井证实单元面积中具有增储潜力的井控单元的数量，以及未被钻井证实单元面积中具有增储潜力资源量。计算出来潜在资源量后再加上生产井的资源量即为评价区的总资源量。

FORSPAN 法涉及的直接参数有评价单元总面积、EUR、生产井数量、钻探成功率、井控单元和未来钻探成功率。在评价过程中评价参数取了最小值、最大

---

① 张大伟，李玉喜，张金川，等. 全国页岩气资源潜力调查评价. 北京：地质出版社，2012：1-138.

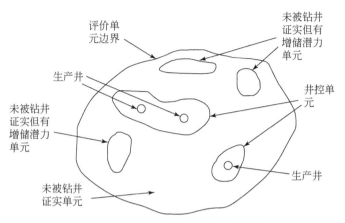

图 2.2　FORSPAN 法评价单元划分图

值、众数和均值，一定程度上增加了评价结果的可信度，但是将评价单元分为若干个子单元，对各子单元内参数进行平均处理，并且未充分考虑 EUR 空间相关性，会造成评价结果的误差。建议将概率论和蒙特卡洛原理融入其中，提高结果可靠性。由于该方法是以大量的生产数据为基础，所以适用于高勘探程度的地区。

5）物质平衡法

物质平衡法主要是以体积平衡为基础，即将储集空间看作一个定容装置，在页岩气开采过程中，储集空间保持不变，通过容积相等原则即可建立地层压力与产量之间的关系，进而计算页岩气储量[①]：

$$G \cdot B_{gi} = (G - G_P) \cdot B_g$$

$$B_g = \frac{P_{sc} \cdot Z \cdot T}{P \cdot T_{sc}} \quad B_{gi} = \frac{P_{sc} \cdot Z_i \cdot T}{P_i \cdot T_{sc}}$$

将上述公式整理可得：

$$P/Z = -\frac{G_p}{G} + \frac{P_i}{Z_i}$$

式中，G 为页岩气储量，m^3；G_P 为页岩气累计产量，m^3；B_{gi} 为原始天然气体积系数；B_g 为瞬时天然气体积系数；P_{sc} 为标准条件下气体压力，MPa；T_{sc} 为标准条件下温度，K；P 为地层瞬时压力，MPa；T 为地层瞬时温度，K；P_i 为地层初始压力，MPa；Z_i 为初始压缩因子；Z 为瞬时压缩因子。G 与 P_i/Z_i 均为定值，

---

① 谭乔. 蜀南地区合江构造茅口组气藏开发潜力研究. 成都理工大学，2011. http：//cdmd. cnki. com. cn/Article/CDMD-10616-1011235665. htm.

而 P/Z 与 G_p 呈负相关线性关系。

物质平衡法涉及的直接参数有原始地层压力、瞬时地层压力、瞬时产量，所以要求测的气藏压力值更为准确。其适用于气藏系统是密闭条件下的近似计算，容易受采气强度、地层各向异性的影响，所以构造改造强烈的地区用此方法会增大误差。因其需要生产数据，所以适用于较高-高勘探程度的地区。

6）递减曲线法

页岩气藏在生产过程中会经历短时间的上产期，在一段时间后以很快的速度递减，然后以低产量长时间生产，其产量整体呈递减趋势下降，通过研究产量递减规律，建立相应的计算模型，可以有效地估算页岩气资源储量。典型的递减曲线模型为 Arps 递减模型方程，主要包括指数曲线、双曲线和调和曲线三种类型。

（1）指数曲线递减方程：

$$q_t = q_i \times e^{-D_i t}$$

$$G_{p(t)} = \frac{q_i - q_t}{D_i}$$

$$G_{p(t)} = -\frac{1}{D_i} q_t + \frac{q_i}{D_i}$$

（2）双曲线递减方程：

$$q_t = \frac{q_i}{(1 + b D_i t)^{1/b}}$$

$$G_{p(t)} = \left(\frac{q_i^b}{D_i (b-1)} \right) (q_t^{1-b} - q_i^{1-b})$$

（3）调和曲线递减方程：

$$q_t = q_i \times (1 + D_i t)^{-1}$$

$$G_{p(t)} = \frac{q_i}{D} \ln (1 + D_i t)$$

式中，q_i 为初始产量，m^3/d；D_i 为初始递减率，$1/d$；b 为递减指数（0~1）；t 为时间，d；q_t 为 t 时瞬时产量，m^3/d；$G_{p(t)}$ 为累计产量，m^3。

当 b 为 0 时，双曲线递减方程就变成指数递减方程，当 b 为 1 时，双曲线递减方程就变成调和递减方程，但是根据实际模型拟合效果发现，其指数模型和双曲线模型与实际的生产数据拟合度较差，而双曲线模型中递减指数偏大（长时间大于1），会使预测结果过于乐观，所以 Arps 递减模型不适用于页岩气井动态资源评价。在此基础上发展了 Ilk 指数递减曲线和 Valko 延伸指数递减曲线。

递减曲线法涉及的直接参数有初始产量、瞬时产量和累计产量。由于要通过其产量递减规律预测资源量，所以需要生产井已经生产了很长时间，并且能够建立可靠的递减趋势，若生产时间较短，则难以确定其递减规律，会大大增加结果误差。影响产量递减的因素主要有地质和工程两方面，地质因素主要有 TOC、地层物性、地层压力等，工程因素主要是压裂改造等相关参数，如压裂段数等。该方法随着瞬时产量和累计产量的不断变化能够不断校正并动态反映生产中气藏条件变化情况，适用于较高-高勘探程度地区。

4. 综合法

综合法（德尔菲法）是一种较为综合的评价方法，在多种方法计算出评价区资源量的基础上，将专家的经验意见融入其中，根据实际地质背景、资料掌握程度、专家经验认识等，将各方法计算出的资源量赋予权重进行综合计算，进而得出较为可靠的评价结果。将此方法思想推广，不仅可以将不同方法评价出的资源量赋予权重综合分析，也可以将同一评价单元内不同评价者得出的资源量值赋予权重，使评价结果更为可靠。

德尔菲法可用于各种勘探程度，操作简单，但由于需要专家赋予权重，主观性较强，故其适用于低勘探程度地区。

$$Q = \sum_{i=1}^{n} Q_i \cdot R_i \left(\sum_{i=1}^{n} R_i = 1 \right)$$

式中，Q 为页岩气总资源量，亿 m^3；Q_i 为第 i 个资源量评价结果，亿 m^3；R_i 为第 i 个结果的权系数。

5. 方法比较

页岩气资源评价各方法均有相应的参数、优缺点及适用条件，通过对其进行系统分析，可以更为深刻的理解及掌握各评价方法，并在评价方法优选时能够更快、更好、更准确地作出判断。页岩气资源评价方法对比表如表2.2所示。

表2.2　页岩气资源评价方法对比表

分类	方法	直接参数	优点	缺点	适用条件
成因法	饱和残留烃法（直接法）	页岩埋深、生烃潜力指数、厚度、面积、密度	考虑到排气系数获取难问题，降低误差	计算过程较为复杂	改造作用较弱且热演化程度适中

续表

分类	方法	直接参数	优点	缺点	适用条件
成因法	TOC 法（间接法）	页岩厚度、面积、密度、TOC、TOC 恢复系数、"A" 含量、"A" 恢复系数、总烃含量、干酪根含量、产烃率、排气系数	实验数据易获取、计算简单	排气系数现无法准确获取，精度较低	改造作用较弱地区，但不适用于演化程度过高的地区
	"A" 法（间接法）				
	总烃法（间接法）				
	产烃率法（间接法）				
	盆地模拟法	地化、地质、油层物理等	充分考虑地质非均质性，可获得页岩气资源空间分布情况	参数数据多、模拟过程复杂、评价难度大	需要资料多，适用于中–高勘探程度的地区
类比法	面积丰度类比法	页岩面积、标准区资源面积丰度、类比系数	操作简单、快速	标准区选取难度大、类比系数获取主观性大	评价区有效厚度获取难度大，适用于低勘探程度的地区
	体积密度类比法	页岩面积、厚度、标准区资源体积丰度、类比系数			低勘探程度地区
	含气量类比法	页岩面积、厚度、密度、标准区含气量/EUR、类比系数			低勘探程度，已知标准区含气量/EUR 数据，且标准区与评价区相似性极高的地区
	EUR 类比法				
	体积速率法	页岩面积、厚度、页岩年龄	所需参数少且易取、计算简单	公式拟合依据理论性强、参数少	参与公式拟合的标准区及评价区地质成藏背景相似
统计法	体积法	页岩面积、厚度、密度、含气量	计算过程简单，计算精度较高	未考虑参数非均质性，含气量准确获取难度大	中–较高勘探程度地区，改造作用较弱地区
	概率体积法	页岩概率面积、概率厚度、概率密度、概率含气量	考虑到参数非均质性问题，计算精度高	含气量准确计算是难题	中–高勘探程度地区

分类	方法	直接参数	优点	缺点	适用条件
统计法	评价单元划分法	页岩面积、厚度、密度、含气量、小单元面积/EUR、井控面积和类比系数	减弱了地质非均质性问题	操作复杂，难度加大，如有类比单元，则类比系数的加入会降低结果精度	中-高勘探程度地区
	FORSPAN法	评价单元总面积、EUR、生产井数量、钻探成功率、井控面积、未来钻探成功率	生产数据多，数据可靠	子单元内参数作平均处理，未考虑非均质性	高勘探程度、有较多生产井地区
	物质平衡法	原始地层压力、瞬时地层压力、瞬时产量	参数数据准确，结果可靠性高	操作条件要求高，计算模型多样，需视情况调整	改造作用较弱、均质性较好，较高-高勘探程度
	递减曲线法	初始、瞬时、累计产量	参数数据可靠、能够反映生产过程的动态变化	若生产时间较短，则评价结果具有不确定性	较高-高勘探程度区，生产井产量已进入下降期
综合法	德尔菲法	各资源量、权重	操作简单、快速，结果结合专家经验及实际情况，适用范围广	权重赋值上主观性大	低勘探程度

　　页岩分布及相关参数特征并不是由某单一因素单独控制的，而是多种因素共同影响的，在实际页岩气资源评价中需要综合考虑勘探开发程度、沉积相、构造作用等来进行资源评价方法的选择。页岩气资源评价方法综合匹配如表2.3所示。

表2.3　页岩气资源评价方法综合匹配表

沉积相	盆地改造类型	勘探开发程度			
		低	中	较高	高
海相	原形盆地	成因法、类比法、德尔菲法	体积法、盆地模拟法	物质平衡法、递减曲线法、体积法	物质平衡法、递减曲线法、FORSPAN法

沉积相	盆地改造类型	勘探开发程度			
		低	中	较高	高
海相	改造盆地	成因法、类比法、德尔菲法	概率体积法、盆地模拟法	物质平衡法、递减曲线法、概率体积法	物质平衡法、递减曲线法、FORSPAN法
	残留盆地	类比法、德尔菲法、规模序列法	概率体积法、评价单元划分法	递减曲线法、概率体积法	递减曲线法、FORSPAN法、规模序列法
海陆过渡相	原形盆地	面积丰度类比、EUR类比法、德尔菲法	概率体积法、盆地模拟法	递减曲线法、概率体积法	递减曲线法、FORSPAN法、规模序列法
	改造盆地	面积丰度类比、EUR类比法、德尔菲法	概率体积法、评价单元划分法、盆地模拟法	递减曲线法、概率体积法	递减曲线法、FORSPAN法、规模序列法
	残留盆地	面积丰度类比、EUR类比法、德尔菲法、规模序列法	概率体积法、评价单元划分法	递减曲线法、概率体积法、评价单元划分法	递减曲线法、FORSPAN法、规模序列法
陆相	原形盆地	成因法、类比法、德尔菲法	概率体积法、评价单元划分法、盆地模拟法	物质平衡法、递减曲线法、评价单元划分法	物质平衡法、递减曲线法、FORSPAN法、规模序列法
	改造盆地	成因法、类比法、德尔菲法	概率体积法、评价单元划分法	递减曲线法、评价单元划分法	递减曲线法、FORSPAN法、规模序列法
	残留盆地	类比法、德尔菲法、规模序列法	概率体积法、评价单元划分法	递减曲线法、评价单元划分法	递减曲线法、FORSPAN法、规模序列法

2.2　选区技术

页岩气选区评价是指在页岩层系发育区通过区域地质调查、钻探取样分析、页岩气成藏地质条件与资源潜力评价，优选出页岩气勘探目的层与目标区，并确定页岩气先导试验区实施钻探评价的整个过程。页岩气选区评价是一项系统工作，它关系到页岩气未来开发的战略决策，涉及众多指标，指标之间关系错综复杂，指标的重要程度在不同地区也是不同的。

目前，选区地质评价基本条件主要涉及页岩层系的区域地质特征评价、页岩气藏分布特征评价、页岩气资源潜力评价、页岩气有利勘探区优选等方面的内容。页岩气的选区评价的关键参数通常包括有机碳含量、成熟度、脆性矿物、孔隙度、厚度、埋深等。国内外学者通过层次分析法、模糊数学法、指标体系法等，结合 TOC、成熟度、页岩厚度等关键参数，构建了较为系统的选区评价体系。

2.2.1　选区的目标和流程

目前，页岩气选区评价的流程大同小异，主要是通过区域地质调查、钻探取样分析，确定评价区块的有机碳含量、成熟度、厚度、埋深、物性、硅质含量等参数值，给出相应评分，并根据各参数的权重，最终确定有利区。涉及页岩层系的区域地质特征评价、气藏分布特征评价、资源潜力评价、有利勘探区优选等。具体流程如下：①将研究区分为许多不同的评价区块；②输入每个评价区块的有机碳含量、成熟度、厚度、埋深、物性、硅质含量等参数值，建立数据库；③根据参数分级，找出每个参数所处的范围，并给出相应的评价分数；④根据权重标准表，计算参数的综合评分；⑤根据得分大小排序，优选页岩有利区，划分出最有利区、有利区、较有利区和不利区等①；⑥根据测得的参数计算所需区域的资源量（图 2.3）。

其中，在计算参数的综合评分方面，确定评价指标权重的恰当与否，直接影响到被评价对象综合评价结果的可靠性和准确性。目前国内外学者常用的方法包括离差法、熵值法符、层次分析法、模糊数学法、专家咨询法、特征向量法等。这些方法可以分为两类，包括客观赋权法和主观赋权法。其中，客观赋权法包括离差法、熵值法符等，它根据各评价个体在评价指标下的指标值差异的大小来确定评价指标的权重，评价指标权重具有绝对的客观性，其不足之处是确定的权重有时与实际相悖。主观赋权法是依据专家经验主观判断而获得各评价指标权重，主要包括层次分析法、模糊数学法、专家咨询法、特征向量法等，它的原理简单，确定

①　董大忠，程克明，王世谦，等. 页岩气资源评价方法及其在四川盆地的应用. 天然气工业，2009，(5)：33-39.

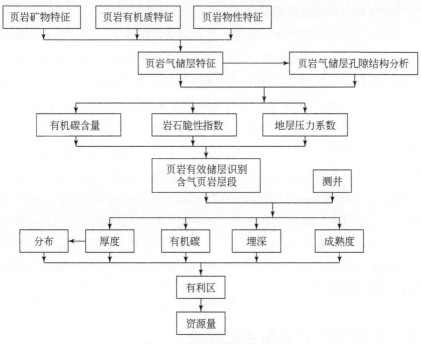

图 2.3 页岩气选区流程图

评价指标权重能反映评价指标的实际重要程度，缺点是主观随意性大，并且评价指标较多时，评价指标绝对重要程度或相对重要程度大小难以判定准确。

虽然不同的学者或者油气公司在页岩气勘探有利区的选择方法与标准上都不完全相同，但是所考虑的选区地质评价基本条件是大体一致的，主要涉及页岩层系的区域地质特征评价、页岩气藏分布特征评价、页岩气资源潜力评价、页岩气有利勘探区优选等方面的内容。

2.2.2 页岩层系区域地质特征评价

页岩层系的区域地质特征评价是通过页岩层系发育区的区域调查工作，以及早期钻井、录井、测井等资料，开展区域地层、构造、沉积、烃源岩等方面的区域地质特征研究，以了解页岩层系的沉积环境、埋藏深度、烃源岩，以及区域断层、构造分布等特征。页岩层系的区域地质特征评价工作的重点是了解页岩层系（特别是富有机质的黑色页岩层系）的区域沉积分布与烃源岩地球化学（有机质含量、类型与成熟度）特征，由此可以在一个页岩气勘探评价区内初步选定出具有页岩气勘探潜力的页岩层段。

在区域地质特征的研究中，还有一个值得关注的页岩气评价内容，即区域断裂构造可能引发的油气保存条件问题，尤其在中国南海相页岩气选区评价中显得特别重要。根据油气成藏地质理论，常规油气勘探寻找的是自烃源岩中运移出去的油气，而页岩气等"资源型"油气勘探的对象则是未经运移而残留下来的油气。由于运移通道畅通或疏导条件有利而运移出去的油气越多，则残留下来的油气就越少，勘探的潜力自然就会降低。反之，若泥页岩中生成的大量油气基本都能保存下来而未发生运移或散失，其页岩气勘探潜力自然就大。近年来页岩气年产量已超过著名的 Barnett 页岩而跃居美国第一的 Haynesville 页岩，据研究认为就未曾发生过油气的大规模运移而现今显示出明显的超压特征。因此，在断裂构造极为复杂的中国开展页岩气勘探工作，不仅要面临地质工程技术上的巨大挑战，而且更重要的是，由于油气保存问题，还需要深入研究这些地区究竟还有多大的页岩气资源勘探潜力。

2.2.3　页岩气气藏分布特征评价

页岩气藏具有"生、储、盖"三位一体的连续型气藏特征[1]，需要从页岩的烃源岩特征、储层特征及保存特征等方面进行综合评价。近年来，我国在四川盆地开展的页岩气初步勘探结果表明，并非所有的泥页岩都可以作为页岩气储层，只有满足一定划分标准的含气页岩才具有商业开采价值，即北美学者所称的"经济性含气页岩"。按照一定的评价参数标准，综合页岩的岩相特征、有机质特征、矿物组成特征及伽马曲线特征等，准确地识别与划分页岩气储层，才能最终优选出可供商业开采的压裂层段，这对于开展页岩气水平井地质导向及加砂压裂都具有实际的指导意义。

作为页岩气勘探目的层的含气页岩一般是黑色富有机质的泥页岩，特别是那些伽马值一般大于 100～150API 的高伽马黑色页岩[2]。因此，页岩气储层主要是指高伽马富有机质页岩，即北美地区所称的"热页岩"（hot shales）。美国

---

① 陈更生，董大忠，王世谦，等. 页岩气藏形成机理与富集规律初探. 天然气工业，2009，29（5）：17-21.

② 王世谦，陈更生，董大忠，等. 四川盆地下古生界页岩气藏形成条件与勘探前景. 天然气工业，2009，29（5）：51-58.

Marcellus 页岩为高伽马黑色页岩，由上部灰色页岩段和下部黑色页岩段组成。自上而下，Marcellus 页岩具有密度逐渐降低而伽马值和 TOC 含量逐渐增高的变化特征。在下部黑色段中，有机质含量（w_{TOC}）>2% 的富有机质页岩分布在 1750ft 以下的黑色层段，厚度约 60m，而目前正在开发的页岩气层则主要位于 Marcellus 页岩层段的底部，特别是 Oatka Creek 页岩层段的底部，以及最底部的 Union Spring 高伽马黑色页岩层段，其 w_{TOC} 值一般大于 3%，厚度一般只有 30 ~ 45m[①]。目前，我国正在四川盆地南部开展页岩气先导试验的上奥陶统五峰组—下志留统龙马溪组页岩与此特征基本相似，其上部为几乎没有页岩气开采价值的灰色泥页岩段，中部为页岩气储层质量和完井质量均较差的黑色泥页岩段，而具有商业开采价值的页岩气储层段集中分布在龙马溪组底部到五峰组、厚度一般为 30 ~ 60m 的高伽马富有机质页岩层段[②]。

在页岩气选区地质评价阶段，应该通过野外地质调查或浅井取心钻探，系统地测定页岩层段的伽马值，并且针对页岩的岩石矿物学、地球化学、储集物性，以及含气性等特征开展分析测试，建立起评价区页岩层系的单井柱状剖面，划分、确定页岩气储层，编制页岩气储层的区域分布格架，这样才能准确地确定出页岩气储层段的总厚度、区域埋深等重要评价参数，为页岩气资源潜力的评价提供可靠依据。

2.2.4　页岩气资源潜力评价

页岩气资源是含油气盆地中蕴藏量最丰富、分布最广泛的一类连续性聚集成藏的非常规油气资源。页岩气藏的形成规模与产能高低主要取决于页岩气储层的有机质含量、有效厚度、成熟度、矿物组成、脆性、孔隙压力、基质渗透率及原始天然气地质储量（GIP）等 8 项关键地质要素。其中，页岩气的地质资源量决定着页岩气藏的规模大小，是页岩气选区评价的一个重要评价内容。

目前，国内外已形成非常多的页岩气资源评价方法，按勘探开发生产及操作可将其分为静态资源评价方法和动态资源评价方法两类，而根据各方法依据原

---

① WorldGas Resources: An Initial Assessment of 14Regions Outside the United States. https://www. eia. gov/analysis/pdfpages/worldshalegasindex. php. 2011-04-05.

② 陈更生，董大忠，王世谦，等. 页岩气藏形成机理与富集规律初探. 天然气工业, 2009, 29 (5): 17-21.

理，又可将其分为成因法、类比法、统计法和综合法四类，具体详见资源评价技术发展及应用分析相关内容。

北美地区页岩气资源评价中计算的是储藏在高伽马富有机质页岩中的那部分具有商业开采价值的页岩气。然而，目前国内发布的一些页岩气资源评价参数标准设定过低，如页岩 w_{TOC} 值下限标准设定为 0.5%。这实际上计算的是整个泥质烃源岩中的页岩气，基本上还停留在"有页岩就有页岩气"的烃源岩初级认识阶段，缺乏对"页岩气储层"或"经济性含气页岩"这一页岩气开采本质的认识，应该通过钻探一批页岩取心浅井，取准、取全页岩气各套评价参数与数据，并且在统一的评价方法与参数取值标准的基础上开展资源量计算与选区评价工作。

2.2.5　页岩气有利勘探区优选

北美地区页岩气勘探实践结果表明，尽管在一个页岩气勘探区带内页岩气呈连续性的广泛分布，但是仍然存在页岩气相对富集的所谓核心区。例如，美国东部阿帕拉契亚盆地的 Marcellus 页岩气勘探区带经勘探评价证实存在北东和南西 2 个核心区[1~3]。这 2 个核心区的高伽马页岩都具有高有机碳、高孔隙度和异常高压特征。美国得克萨斯州 Fort Worth 盆地的 Barnett 页岩气勘探区也呈现出自东北部的核心区（面积 4000km^2，单井 EUR 0.71 亿 m^3）向西南部 1 号和 2 号扩展区面积逐步增大（分别达 6000km^2 和 11000km^2），而单井 EUR 逐渐降低（分别为 0.42 亿 m^3 和 0.23 亿 m^3）的资源分布格局。因此，页岩气勘探评价工作应该是从页岩气地质条件最有利、资源丰度最高的核心区逐步向资源丰度较低的有利区扩展。通过页岩气选区评价工作，优选出核心区和有利区，这对于取得页岩气成功至关重要。

通过页岩气成藏地质条件各项因素的分析，编制页岩气储层的埋深、厚度、

---

① Soeder D J, Mroz T, Crandall D, et al. Multi-scale and integrated characterization of the marcellus shale in the appalachian basin: From microscopes to mapping. Agu Fall Meeting. 2010. http://adsabs.harvard.edu/abs/2010AGUFMNS41B1517S.

② Wang G, Carr T R, Ju Y, et al. Identifying organic-rich Marcellus Shale lithofacies by support vector machine classifier in the Appalachian basin. Computers & Geosciences, 2014, 64 (3): 52-60.

③ Wang G, Carr T R. Methodology of organic-rich shale lithofacies identification and prediction: A case study from Marcellus Shale in the Appalachian basin. Computers & Geosciences, 2012, 49: 151-163.

有机质含量、成熟度、孔隙度、岩石脆性、残留气量、资源丰度、地层温度和压力，以及构造断裂与裂缝分布等各项重要地质风险因素分布图，然后将这些地质因素图叠加在一起，再按照一定的选区地质评价参数标准，即可筛选出页岩气有利区和核心区，如图 2.4 所示。只有在这些评价优选出来的有利区和核心区进行页岩气勘探，最终才能取得页岩气商业开发的成功。

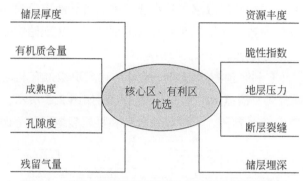

图 2.4　页岩气选区评价勘探有利区优选程序示意图

2.3　地震甜点预测技术

页岩气藏中构造条件合适、储层条件相对较好、可以钻获高产和保持稳产的区域即为所谓的"甜点"（sweet heart），也是部署和设计水平井位、实现页岩气经济有效开发的目标区。随着页岩气地位日益重要，如何确定"甜点"，提高开发效率，成为油气勘探开发的重要研究课题。"甜点"包括两层含义：①在盆地中最好的含气地理区域；②产气的最佳地理区域。

预测"甜点"是各大石油公司勘探开发不懈追求的目标，近年在地质、物探、测井等各大领域都研发了相关新技术、新方法。其中，地震甜点预测作为油气地球物理勘探中最有效的勘探方法，经过几十年不断的发展，形成了以地震反演、地震属性分析、AVO 分析等为技术主体的一整套储层地震预测技术系列，成为油气勘探开发的主导技术，并在实际应用中不断发展完善。

页岩气"甜点"预测与常规天然气"甜点"预测技术的另一个重大区别在于，页岩气"甜点"预测不仅要寻找天然气富集区，同时还要在该区域内寻找储层脆性较高、裂缝发育，易于水力压裂的区域。

因此，页岩气"甜点"储层是指具有经济开采价值的页岩气富集区，主要表现为页岩储层厚度大，总有机碳含量高，处于"生气窗"，含气量高，裂缝、裂隙发育，易压裂，地表条件良好等[①~③]。

地震岩石物理是研究与地震特性有关的岩石物理性质，以及这些物理性质与地震响应之间关系的学科，是连接地震数据与油气特征和储集参数间的纽带，也是地震资料预测油气的物理基础。根据岩石物理分析，可以建立储层参数与地震弹性参数间的关系，进行储层敏感参数优选，进而指导地震反演和储层参数定量预测，并且判断弹性参数反演结果能否有效识别储层，实现储层分布预测。

"甜点"储层的地震预测技术，归纳起来主要有：裂缝有利区预测（相干及曲率属性等）、物性有利区预测（波阻抗反演）和沉积相带有利区特征预测（地震相技术等）。页岩气"甜点区"地震预测流程图如图2.5所示，具体包括页岩储层响应特征、TOC含量预测、页岩脆性分析和页岩裂缝预测等四大部分。

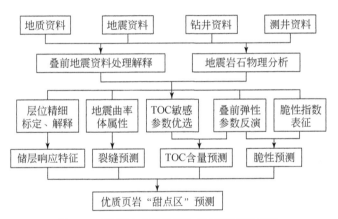

图 2.5　页岩气"甜点区"地震预测流程图

2.3.1　页岩储层响应特征

页岩气储层具有低孔隙度、特低渗透率及自生自储的特点，这使得测井解释

---

① 周德华，焦方正．页岩气"甜点"评价与预测——以四川盆地建南地区侏罗系为例．石油实验地质，2012，34（2）：109-114.

② 王社教，杨涛，张国生，等．页岩气主要富集因素与核心区选择及评价．中国工程科学，2012，14（6）：94-100.

③ 刘振武，撒利明，杨晓，等．页岩气勘探开发对地球物理技术的需求．石油地球物理勘探，2011，46（5）：810-818.

评价属于低孔隙度，低渗透率储层的解释评价范畴；页岩气常以吸附状态赋存于页岩中，游离气少，使得储层含气的测井响应特征面临新探索。页岩气藏与常规气藏相比，具有弱敏感地球物理参数特征，要求利用地球物理测井技术识别出页岩气藏，这大大增加了识别难度和精度要求[1]。

页岩储层响应特征包括地震响应特征和测井响应特征。其中，页岩地层的精细标定是页岩层段地震预测的基础，根据页岩层段的岩性、物性特征，将页岩地质层位准确地标定在地震剖面上。

测井技术主要用于对页岩气层、裂缝、岩性的定性与定量识别。页岩气层在测井曲线上显示为高电阻、高声波时差、低体积密度、低补偿中子、低光电效应等特征。成像测井可以识别出裂缝和断层，并能对页岩进行分层。声波测井可以识别裂缝方向和最大主应力方向。地层元素测井通过对该技术测量的图谱进行分析，可以确定岩石中矿物的含量，确定地层中黏土、石英、碳酸盐、黄铁矿等含量，可准确判断岩性，进而识别储层特征。应用声波扫描、中子密度、成像测井来综合计算岩石力学参数，有利于确定有利层段、优选射孔位置、合理设计压裂工艺。此外，通过岩心与测井对比建立解释模型，还可获取含气饱和度、含水饱和度、含油饱和度、孔隙度、有机质丰度、岩石类型等参数。含气页岩层测井曲线响应特征如表 2.4 所示。

表 2.4　含气页岩层测井曲线响应特征

测井曲线	曲线特征	影响因素
自然伽马	高值，局部低值	有机质中可能含有高放射物质，其值大于 100API，有些超过 400API
井径	扩径	有机质的存在使井眼扩径更加严重
声波时差	较高，有周波跳跃	有机质丰度高，声波时差大；含气量增大，声波值变大
中子孔隙度	高值	含气量增加使测量值变低
地层密度	中低值	含气量增加使密度值变低
岩性密度	低值	含气量增加使测量值变小
深浅电阻率	高值	有机质干酪根电阻率极大，测量值为高值

---

① 刘双莲，陆黄生. 页岩气测井评价技术特点及评价方法探讨. 测井技术，2011，35（2）：112-116.

2.3.2　TOC 含量预测

页岩的 TOC 含量是评价页岩储层生烃能力的重要指标参数，也是页岩气"甜点区"地震预测的关键要素。采用岩石物理和叠前反演相结合的方法预测 TOC 含量，主要思路为：首先，基于测井解释的 TOC 含量，通过地震岩石物理分析与 TOC 含量相关的地球物理参数，寻找 TOC 含量敏感参数并建立其与 TOC 含量之间的拟合关系，得到研究区经验公式；然后，基于三维地震数据，通过叠前反演方法求得敏感参数体；最后，根据得到的经验公式，将敏感参数体转化为 TOC 含量数据体，从而定量预测 TOC 含量的纵、横向展布。TOC 含量预测包括 $\Delta logR$ 法、自然伽马指示法、密度测井法、声波时差法和中子测井等。TOC 含量预测方法如表 2.5 所示。

表 2.5　TOC 含量预测方法

TOC 含量预测方法	原理	应用	方法局限性
$\Delta logR$ 法	孔隙度曲线和电阻率曲线对应地层孔隙度的变化	利用测井资料评价烃源岩的最常用方法	要求泥质岩处于低成熟；在成熟的烃源岩中，烃类存在使电阻率增加
自然伽马指示法	干酪根在放射性元素轴含量比较高的还原环境中形成	分析铀、钍、钾等主要元素的丰度，定量确定总有机碳的含量	地层上覆水层及快速沉积物中很少有生物活动，导致有机质与铀之间的反应时间减少，从而导致有机质对轴元素失去吸附能力
密度测井法	干酪根与页岩中矿物骨架差别较大	$\Delta logR$ 法无法适用的低阻地层段	在重矿物（黄铁矿）存在和井眼不规则时，密度测井效果较差
声波时差法	较多的 TOC 含量会使声波测井值增大	井壁不规则或者地层中存在黄铁矿的情况	油气存在会导致有机质含量体积的过高估计
中子测井	干酪根及岩石骨架中氢含量很高	当空隙中含气时，中子测井会由于挖掘效应易于识别	井壁对中子测井的影响较大

2.3.3　页岩脆性分析

关于岩石的脆性的含义，国内外学者定义众多。Morky 在 1984 年将脆性定义为材料塑性的缺失，认为岩石内聚为被破坏时，材料即发生脆性破坏。地质及相关学科学者认为材料断裂或破坏前表现出极少或者没有塑性形变的特征为脆性。目前，国内外主流的页岩脆性分析方法包括矿物成分法和弹性参数法两大类。其中矿物成分法以石英、长石、云母和白云石等脆性矿物所占比例表征页岩脆性；弹性参数法利用地震资料预测页岩脆性，包括叠前弹性参数反演法、地震属性 $E\rho$ 预测法、$\lambda\rho$-$\mu\rho$ 模板预测法，如表 2.6 所示。

表 2.6　页岩脆性分析方法特征

页岩脆性分析	原理	应用	方法局限性
矿物成分法	脆性矿物所占比例表征页岩脆性	泥页岩的脆性指数	脆性矿物的准确界定还缺乏理论依据，需要进一步修正和完善
叠前弹性参数反演法	从地震资料中获取杨氏模量、泊松比等岩石力学参数，反演岩石脆性指数	确定岩石的脆性指数	无法对比不同区块的脆性；杨氏模量和泊松比对脆性影响的权重不确定
地震属性 $E\rho$ 预测法	综合表征杨氏模量和密度的属性	预测岩层脆性	地震属性本身的局限性、多解性，杨氏模量和泊松比对岩石的脆性影响权重不确定
$\lambda\rho$-$\mu\rho$ 模板预测法	计算 $\lambda\rho$ 和 $\mu\rho$ 数据体，采用 2D $\lambda\rho$-$\mu\rho$ 脆性模板预测	预测岩层脆性	不具有普遍适用性

2.3.4　页岩裂缝预测

天然裂缝在页岩气的勘探开发中起到了非常重要的作用[①]。与相干、方差等其他属性相比，曲率体属性在预测小尺度的断层和裂缝中发挥了重要作用。地震曲率体技术是一种以裂缝的生成机理为基础而形成的用于描述裂缝分布情况的数学方法。曲率是表征曲线或曲面的弯曲程度，曲率越大，曲面弯曲程度越大，则地层受到的地应力越大，一般情况下，地应力越大的地方裂缝和断层越发育[②]。

---

① 林建东，任森林，薛明喜，等. 页岩气地震识别与预测技术. 中国煤炭地质，2012，24（8）：56-60.

② Wang S, Yuan S, Yan B, et al. Directional complex-valued coherence attributes for discontinuous edge detection. Journal of Applied Geophysics, 2016, 129: 1-7.

因此，天然裂缝发育的强度、方向和密度一定程度上受到曲率控制，同时曲率也在一定程度上影响了储气层的孔隙度和渗透率。根据上述理论，利用地震曲率体技术，可以预测和评价页岩裂缝发育情况。借助曲率体属性和裂缝间的关系来研究地层在发生褶皱或弯曲变形过程中应力变化情况，因此利用地震曲率体技术可有效表征地层界面的弯曲程度、应力场分布及裂缝发育情况，具有较高分辨率，如表 2.7 所示。

表 2.7 页岩裂隙预测方法特征

页岩裂隙预测	原理	应用	方法局限性
地质类比法	对岩心和地质露头裂缝描述和统计分析	最直接、最有效的方法，适用于各种类型和成因的裂缝	与开发要求相差甚远，只能选择相同构造单元内的地区对裂缝预测提供信息
常规测井	裂隙发育带的常规测井曲线具有"两高一低一幅度差"特征	定性识别裂缝是否存在和发育程度	仅为定性判断，且影响因素多，存在多解性
井壁成像测井	高分辨率二维图像显示裂缝信息	识别裂缝、确定裂缝发育层段、划分裂缝类型、定量计算裂缝参数	成本高、数量少，难以大规模广泛使用
基于宽方位地震数据的裂缝检测成像	相干属性、方位属性和曲率属性对裂缝敏感	精细解释裂缝走向、发育密度、网络连接特征等	分辨率低、存在多解性，很难精确获取裂缝参数
纵波方位各向异性裂缝预测	对不同方位角地震数据的属性来拟合各向异性椭圆	预测储层裂缝	分辨率低、存在多解性，很难精确获取裂缝参数
离散裂缝网络模型裂缝建模	基于三维空间中各类裂缝片组成的裂缝网络集团，构建整体裂缝网络模型	对裂缝系统从几何形态到渗流行为的有效描述	模型的合理性、裂缝各项参数真实性有待验证，并受到人为因素的影响
古构造应力场数值模拟预测	构造应力是产生裂缝的主要原因	数学、力学和地质模型的有机结合和定量预测	难度大且非常复杂，难以考虑复杂的非均质地质体

通过对页岩储层响应特征分析、TOC 含量、裂缝、脆性等"甜点区"关键参数的预测，可以得出"甜点"储层特征：TOC 含量较高、储层生烃能力强；脆性指数高，压裂品质好；裂缝、裂隙较发育，有利于后期储层压裂及页岩气释放的。

2.3.5　页岩"甜点区"识别新方法

近年来，地震甜点预测方法是页岩气研究的热点，新的研究包括机器学习识别"甜点区"、泥浆气体同位素法识别"甜点区"、扫描电镜成像和核磁共振技术、页岩三维数字岩心弹性性能研究、页岩气富集与积累的关键地质问题研究等。

1. 机器学习识别"甜点区"技术

机器学习识别甜点区是目前的研究热点领域，可以有效地用于估计"甜点区"的概率。由于具备自动输入和参数选择功能，该方法不需要任何进一步的调整，并且随着更多的数据可用，可以不断地评估目标参数。

2016 年 7 月，美国怀俄明大学学者在期刊 *Expert Systems With Applications* 上发表了题为《利用数据挖掘和机器学习识别页岩储层的"甜点区"》*Data mining and machine learning for identifying sweet spots in shale reservoirs* 的研究成果[①]，该研究利用数据挖掘和机器学习两种方法来帮助识别页岩储层中富含高有机碳和脆性岩石的区域，即俗称的"甜点区"。第一种方法基于逐步算法，确定变量（测井数据）的最佳组合，来预测目标参数，为了有效利用数据集，该研究还提出了一种混合式机器学习算法，该算法能够更加精确地模拟输入和目标参数之间的复杂空间关系。将估计变量与现有数据进行统计比较，结果表明，两者之间的吻合度非常好。

2. 泥浆气体同位素法识别"甜点区"技术

泥浆气体同位素法识别"甜点区"可以用于最佳的甜点区预测及资源潜力的评估，在未来进行钻井的过程中，可以确保水力压裂效率的最大化，同时可以有利于产量的最优化。

2016 年，沙特阿拉伯 King Fahad 石油矿业大学学者在 *Marine and Petroleum Geology* 上发表了题为 *Mud gas isotope logging application for sweet spot identification in an unconventional shale gas play：A case study from Jurassic carbonate source rocks in Jafurah Basin，Saudi Arabia*（《非常规页岩气藏中的泥浆气体同位素应用于甜点区的识别：以沙特阿拉伯 Jafurah 盆地中侏罗系碳酸盐烃源岩为例》）的研究成果[②]。

---

① Tahmasebi P，Javadpour F，Sahimi M. Data mining and machine learning for identifying sweet spots in shale reservoirs. Expert Systems With Applications, 2017, 88：435-447.

② Hakami A，Ellis L，Al-Ramadan K. Mud gas isotope logging application for sweet spot identification in an unconventional shale gas play：A case study from Jurassic carbonate source rocks in Jafurah Basin, Saudi Arabia. Marine and Petroleum Geology, 2016, 9 (76)：133-147.

Jafurah 盆地位于特大的 Gahawar 油田的东部，其非常规气开采前景可能相当于已经取得成功的美国得克萨斯州南部 Eagle Ford 页岩。该研究通过使用同位素法，获得了最近新开采井的泥浆气体同位素测井（MGIL）数据，证实了在 Tuwaiq、Hanifa、Jubaila 区块存在巨大的资源潜力，这种新的甲烷碳同位素成熟度修正算法被证明非常有效。

3. 扫描电镜成像和核磁共振技术

研究者将扫描电镜成像和核磁共振技等最新成像技术应用于甜点预测。2016年9月，美国得克萨斯大学奥斯汀分校的学者在 *Advances in Water Resources* 上发表了题为 *Assessing the utility of FIB-SEM images for shale digital rock physics*（《页岩 FIB-SEM 成像技术评价》）的研究论文[①]。该研究从已有模型中提取孔隙度、有机质含量和孔隙连通性等属性。基于 lattice-Boltzmann 方法，使用单相、压力驱动流模拟评估模型的连通孔隙的渗透性。所使用的数据包括：多个微观尺度不同的相邻 FIB-SEM 图像局部组，相应的岩心尺度（毫米和厘米）的实验室数据，以及作为比较而使用的一系列二维（2D）截面宽束离子束-扫描电镜图像（broad ion beam SEM images，BIB-SEM）数据，该图像能获得比 FIB-SEM 图像更大的微型尺度视场；该研究的数据量大于大多数跟 FIB-SEM 衍生的页岩微观模型有关的研究。研究人员将计算所得的岩石物理特性与相邻 FIB-SEM 图像，以及使用 FIB-SEM 进行样本岩心尺度测量的结果进行比较。结果表明，体积分布小于 $5000\mu m^3$（分析所得的最大体积分布）的 FIB-SEM 图像不能成为页岩表征体元（representative elementary volume，REV），无法较好地表征页岩渗透性和孔隙网络，此外研究人员发现有必要获取局部 FIB-SEM 或 BIB-SEM 图像，将提取的几何属性、提高孔隙度和有机质体积分布的代表值关联起来。研究结果表明，页岩微型尺度分布的 FIB-SEM 图像，能够定性分析岩石的物理特征和传输机制。最后，研究人员提出定量评估页岩孔隙尺度的替代方案。

2015年11月，中国地质大学的研究人员在刊物 *Journal of Petroleum Science and Engineering*（《石油科学工程》）发表一篇名为 *NMR petrophysical interpretation method of gas shale based on core NMR experiment*（《基于核磁共振实验的页岩核磁

---

① Kelly S, El-Sobky H, Carlos Torres-Verdín, et al. Assessing the utility of FIB-SEM images for shale digital rock physics. Advances in Water Resources, 2015, 95: 302-316.

共振表征方法研究》）的研究成果①。核磁共振技术（NMR）的特点是能提供研究有机页岩储存特点的关键信息。该研究基于 Haynesville 页岩的核磁共振物理实验，分析了横向弛豫时间（$T-2$）的响应特征。根据页岩 $T-2$ 分布的形状和幅度，Haynesville 页岩可分为两类：连续性和不连续性的 $T-2$ 光谱；和常规密度的孔隙度相比，有机页岩的 NMR 孔隙度通常被低估。因此，该研究通过研究 NMR 孔隙度和黏土体积、总有机碳含量、干酪根含量、黄铁矿体积浓度之间的关系，认为黄铁矿和干酪根是影响 NMR 孔隙度的主要因素，并建立了一个新的 NMR 孔隙度修正模型。此外，还建立基于 NMR 孔隙度的渗透模型，以及油、气、水饱和度模型，NMR 实验表明干酪根和吸附气位于 NMR 的 $T-2$ 分布的流体结合位置，储存气主要以吸附气为主而非游离气。该研究提供了一种含气页岩物理表征的新方法。

2.4　页岩气储层改造技术

页岩气藏的储层具有低空、超低渗透率的物性特点，页岩气的流动阻力远大于常规天然气，仅有少数天然裂缝十分发育的页岩气井可以直接投产，90% 的页岩气井需要采取压裂等储层改造才能获得较为理想的产气效果。目前，压裂技术是进行储层改造、提高产能的最主要手段，压裂技术水平的高低直接影响着压裂效果及产气效果。压裂技术分为水力压裂技术（aqueous fracturing technology）和无水压裂技术（non-aqueous fracturing technology）。常用的水力压裂技术包括清水压裂、多级分段压裂、多井同步压裂、重复压裂、水力喷射压裂技术等，无水压裂技术包括液态二氧化碳（liquid carbon dioxide）压裂、氮气压裂和泡沫（foam）压裂等。

目前，国内外已开展多种储层改造技术的研究和应用。美国页岩气开发历史大体历经了四个主要阶段，每一阶段的技术革新均对页岩气的开发起到了长足的促进作用，如美国著名的沃斯堡盆地 Barnett 页岩气藏的开发先后经历了直井小型交联凝胶或泡沫压裂、直井大型交联凝胶或泡沫压裂、直井减阻水力压裂与水平井水力压裂等多个阶段，开发效果逐步提高，充分显示了压裂技术对增产的重

---

① Tan M, Mao K, Song X, et al. NMR petrophysical interpretation method of gas shale based on core NMR experiment. Journal of Petroleum Science and Engineering, 2015, 136: 100-111.

要作用①。

1981 年开始，美国 Barnett 页岩首次水力压裂（氮气泡沫），相对小规模交联冻胶压裂（包括泡沫压裂等）；20 世纪 90 年代，大规模使用交联冻胶压裂，产量 1.55 万～1.94 万 m³/d；1992 年首口水平井压裂；1997 年首次滑溜水压裂；1998 年大规模滑溜水压裂及重复压裂，滑溜水比大型冻胶压裂效果好，增产 25%；2002 年，Barnett 页岩尝试水平井压裂水平井产量超过直井 3 倍；2004 年，水平井分段压裂+滑溜水压裂/混合压裂快速普及，效果显著；2005 年后开始试验水平井同步压裂技术（图 2.6）。

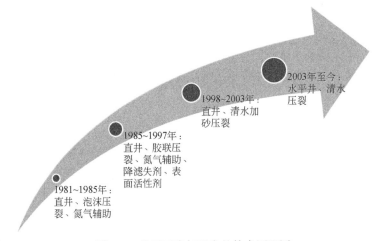

图 2.6 美国页岩气开发的技术历程图

页岩气储层压裂的主要技术包括泡沫压裂技术、清水压裂技术、水平井分段压裂技术、重复压裂技术、同步压裂技术、缝网压裂技术等。其中泡沫压裂技术、清水压裂技术、水平井分段压裂技术、重复压裂技术、同步压裂技术、缝网压裂技术等属于水力压裂技术，液态二氧化碳压裂技术、氮气压裂技术、液化石油气（liquid carbon dioxide，LPG）压裂技术等属于无水压裂技术。

2.4.1 水力压裂技术

水力压裂技术是页岩气开发中最为关键的技术之一。也是全球页岩气开采所

① Jaripatke O A, Chong K K, Grieser W V, et al. A completions roadmap to shale-play development: A review of successful approaches toward shale-play stimulation in the last two decades. International Oil and Gas Conference and Exhibition in China. Society of Petroleum Engineers, 2010.

使用的核心技术。水力压裂技术主要指将压裂液等化学物质和大量水、泥沙的混合物，用高压通过钻井注入地下井，压裂附近油层的岩石构造并形成流体通道，进而收集天然气的技术。这项技术在美国最为发达，美国陆上超过90%的油井都采用水力压裂技术。

水力压裂是提高页岩气经济采收率的一项关键技术，具有克服页岩储层的低渗透率、因钻井造成井眼附近储层损害引起渗透率降低及适用性广等特点。水力压裂技术作为增产措施，还可根据页岩厚度、岩石破裂特性、目标层的具体条件等进行不断地优化设计和调控，以达到优化裂缝网络和实现最大化的气体产量，因此水力压裂技术的适用性非常广泛，能适用于不同的盆地和井口。

通常，在实施水力压裂技术时，需要对目标区域的场地进行勘探调研。2015年1月，澳大利亚 Rasouli 等[①]以北珀斯盆地为例发表研究成果，认为实施水力压裂技术之前需要进行准备工作，其勘探工作不仅需要调查当地的地形地貌及储层构造特征，还需要对目标区域的地质力学属性、压力级数和方向进行测量，并预测压裂初始值和扩展压力。

水力压裂技术带来美国油气工业繁荣的同时，其所带来水污染、空气污染及地震活动等环境影响一直饱受争议。2015年3月20日，美国内政部土地管理局（BLM）公布了美国首个针对水力压裂法的最终细则[②~④]，并在当年6月20日正式生效。该细则只适用于联邦土地上进行的开采，具体包含四个核心内容。

（1）要确保井筒的完整性和水泥屏障的坚固性，为安全供应地下水提供保障。

（2）在压裂作业完成30天后，向 BLM 公布水力压裂过程中使用的化学材料，增加信息的透明度（长期以来石油公司都以商业秘密为由拒绝公开数据）。

（3）对水力压裂中回收的废液进行高标准的临时性存储，减少对空气、水和野生生物带来的危险。

（4）为降低压裂作业中化学材料和流体造成交叉污染的风险，向 BLM 提供

① Rasouli V, Sutherland A. Geomechanical characteristics of gas shales: A case study in the North Perth Basin. Rock Mechanics and Rock Engineering, 2014, 47 (6): 2031-2046.

② Interior Department Releases Final Rule to Support Safe, Responsible Hydraulic Fracturing Activities on Public and Tribal Lands. https://www.blm.gov/press-release/interior-department-releases-final-rule-support-safe-responsible-hydraulic-fracturing. 2015-03-20.

③ BLM's Hydraulic Fracturing. http://americanenergyalliance.org/threats/fracturing-rule/. 2015-04-15.

④ 美国联邦水力压裂法细则出炉. http://cnenergy.org/lslm/tsxw/201504/t20150413_48433.html. 2015-04-01.

现有油井的地质、深度、位置等更加详细的信息，以便更好地评估和管理独特的现场条件。

由于联邦土地上的压裂活动仅占小部分，因此该细则的作用有限。对于大量发生压裂活动的私有或州土地，经营者或者公司一般按照地方水力压裂规定进行作业，因此美国政府希望该细则能成为各州完善地方法规的导向与标准。

2.4.2 无水压裂技术

页岩气储层是一个致密的页岩层，现在对待页岩气的开采必须经压裂才能形成工业气流。页岩气储层的压裂是一个重要的石油开采工艺，其压裂改造工艺、加砂规模等都与常规压裂改造有明显不同，常规的储层压裂都是通过滑溜水和大排量压裂进行压裂开采，但不同的页岩区块储层特征不相同，常规的压裂工艺不是很适合页岩气开采。页岩气的压裂开采要根据地层的岩性、脆塑性和敏感性等其他的微观特征来选择开采方式。

目前，水力压裂作为一种压裂岩石的方法，可实现大规模压裂，广泛应用于天然气生产。这种方法将含有促进剂和其他成分的压裂液泵入石油和天然气地层。尽管水力压裂具有优势并广泛用于世界各地，但同时它也有许多问题需要解决。由于页岩高含黏土，黏土矿物遇水水化膨胀，容易堵死压开的裂缝。此外，水力压裂的缺点还包括废液管理、投资成本、环境成本、地面风险、地下水污染等[1]，以及甲烷泄露和公众反对或误解，对资源、对环境都是一个不小的压力。目前，法国议会出于资源与环境的考虑，已经立法禁止用水力压裂法开采页岩气[2]，美国纽约州也实施了水力压裂法开采禁令[3]。

鉴于水力压裂的缺点，有必要研究新的页岩气开采方法——无水压裂技术，包括液态二氧化碳、二氧化碳/氮气、泡沫、液化石油气压裂等。这些方法设计上维持压裂液和黏土矿物［包括蒙脱石（smectite）和伊利石（illite）］的兼容

---

① Plan to Study the Potential Impacts of Hydraulic Fracturing on Drinking Water Resources. https：//www. epa. gov/sites/production/files/documents/hf_ study_ plan_ 110211_ final_ 508. pdf. 2011-11.

② France cancels shale gas permits over fraccing issue. https：//www. energy-pedia. com/news/france/france-cancels-shale-gas-permits-over-fraccing-issue. 2011-10-04.

③ 纽约州禁止水力压裂法开采油气. http：//env. people. com. cn/n/2015/0706/c1010-27260581. html. html. 2015-07-06.

性[①]。这些方法可以消除潜在的蒙脱石扩大和伊利石膨胀导致的裂缝封闭，该因素决定了压裂质量和气井产能。这些方法和水力压裂相似，它们都使用压裂液，会导致技术问题和环境危害。另一个替代技术是爆炸/促进剂压裂技术（explosive/propellant fracturing technology），这种技术不需要任何压裂液[②]。这种技术的缺点是压裂的范围小，限制岩石性能和渗透率。这种高能气体压裂技术成为一种工具，替换现有低压水力压裂中的穿孔器。目前，该技术已在美国和加拿大一些页岩气项目中成功使用。

1. 二氧化碳压裂技术

二氧化碳压裂技术[③]是指在油气开采中，将液态二氧化碳作为压裂介质注入储层，形成裂缝，增加溶解气的能量，从而达到开发或增产的技术。二氧化碳压裂技术主要适用于水敏感地层的干性压裂，主要是将天然沙粒、树脂涂敷砂或高强度陶瓷材料等支撑剂和液态二氧化碳一同注入、同时二氧化碳需要增加黏度来携带支撑剂的方法。20 世纪 80 年代，加拿大和苏联取得二氧化碳压裂技术巨大成功，仅加拿大就已有超过 1200 次成功的二氧化碳压裂。这项技术也用于美国东肯塔基、西宾夕法尼亚州、德克萨斯和科罗拉多的泥盆纪页岩。

与水力压裂技术相比，二氧化碳压裂技术的优点在于[④]：①对地层伤害小，二氧化碳压裂液不含水，压裂过程中受热膨胀，全部气化并回流到井筒，对裂缝周围相对渗透率和毛细管压力伤害最小；②减少流体阻塞，对地下环境污染少；二氧化碳压裂液在井筒和储层中压裂后气化膨胀，洗井排液，对地下水和地表水的污染较少；③能提高压裂和裂缝扩展的效率，产气量高，美国东肯塔基、宾夕法尼亚州等地泥盆纪页岩的压裂结果表明，一些井的平均产气量是传统水力压裂方法的五倍；④增加吸附在页岩中甲烷气的解析，如果采用水作为压裂液，返排的水会产生污染问题，而且处理返排水还将产生微地震，但如果使用二氧化碳，污染问题和微地震问题将会减小甚至消除；⑤如果采用水压裂液，页岩孔隙由于

① Ahn J H, Peacor D R. Transmission electron microscope data for rectorite: Implications for the origin and structure of fundamental particles. Clays Clay Miner, 1986, 34 (2): 180.

② Cuthill D A, Haney J P, Haney R L, et al. Apparatus and method for perforating and stimulating a subterranean formation. U. S. Patent 5, 775, 426, issued July 7, 1998. https://patents. google. com/patent/US5775426A/en.

③ Bullen R S, Lillies A T. Carbon dioxide fracturing process and apparatus. US Patent No 4374545. https://patents. google. com/patent/US4374545A/en 1982.

④ Middleton R S, Carey J W, Currier R P, et al. Shale gas and non-aqueous fracturing fluids: Opportunities and challenges for supercritical CO_2. Applied Energy, 2015, 147: 500-509.

黏土矿物的膨胀而堵塞，而这种现象在使用二氧化碳时不可能出现；⑥如果二氧化碳被证明是一种有效的压裂流体，页岩地层将成为碳回收的利用场地。

二氧化碳压裂技术存在的不足及解决办法：①当井底压力快速下降时，二氧化碳会形成圣诞树形状的冰层，套管最终会阻碍气流，因此需要加入氮气来遏制冰的形成，同时减少井运营成本；②该技术可能导致二氧化碳排放到大气中，不利于缓解全球气候变化，如果把二氧化碳注入后封存至页岩气井，则可以解决这一问题；③大量的超临界二氧化碳气的运输将带来安全隐患，且运输费用昂贵，目前美国和加拿大已经建有二氧化碳规模化运输管网，否则使用该技术将可能带来昂贵的运输费用。

水压裂液和二氧化碳压裂液的经济比较主要在于对页岩气产气的有效性及与环境相关的额外成本。整个页岩气工业要想从使用传统的水压裂液转到使用非水压裂液的关键在于非水压裂液能提高页岩气产量。

2. 氮气压裂

氮气压裂技术是指将氮气作为主要的压裂液体，携带支撑剂注入井下，形成裂缝，并开发油气资源的技术。氮气压裂技术的发展分为三个阶段：第一个阶段是在 1960 年，氮气作为辅助流体注入；第二个阶段就是 20 世纪 70 年代末，将氮气和二氧化碳加入水力压裂中，形成泡沫压裂；第三个阶段就是 90 年代以后，采用高浓度氮气（体积浓度可达 60%）携带支撑剂作为压裂液用于石油天然气增采。其中，第三个阶段真正属于无水压裂的范畴。

氮气压裂技术具有经济和环境的优点：①氮气作为可广泛获取的气体，价格相对较低，能减少地层开发的成本；②氮气是惰性气体，不会对岩层造成伤害；③整个系统不使用水，排除了岩石膨胀的可能；④不使用水还可以消除地层油水（w/o）乳状液，否则需要使用额外的化学剂；⑤清除气体过程简单，气体能轻易移除，清理过程快速。

但氮气压裂技术也存在一些问题，如高速率气流中如何置放支撑剂、如何避免侵蚀、如何避免首次压裂产生的裂隙大小和几何形状导致支撑剂沉淀问题，以及如何解决氮气运输费用高昂的问题。

3. 泡沫压裂

泡沫压裂技术[①]是采用二氧化碳、氮气为内相，压裂基液（水）为外相，加入增稠剂及多种化学添加剂形成泡沫液体，结合压裂工艺，达到改造油气层的目

---

① 王建平，贾红娟. CO_2 泡沫压裂技术机理研究与应用. 内江科技，2018，39（5）：19.

的。压裂液通常包括支撑剂、表面活性剂、泡沫稳定剂。页岩储层使用泡沫压裂已超过 30 年。

该方法是水力压裂的修正，通过化学剂和水的混合，利用氮气分散来制造不同速率的泡沫[1]。当二氧化碳泡沫压裂液在向井下注入过程中，随温度的升高，达到 31℃临界温度以后，液态二氧化碳开始气化，形成以二氧化碳为内相，含高分子聚合物的水基压裂液为外相的气液两相分散体系。由于泡沫两相体系的出现，使流体黏度显著增加；同时，通过起泡剂和高分子聚合物的作用，大大增加了泡沫流体的稳定性；由于泡沫结构的存在，形成了低滤失、低密度和易返排的压裂液特性。因此，二氧化碳泡沫压裂液流体具备了压裂液的必要条件，并拥有了常规水基压裂液不能相比的多种优势，部分改进现有压裂设备和操作程度，即可进行施工。

自 20 世纪 50 年代起，国外便开始试验应用 5%～50% 浓度的二氧化碳伴注压裂，取得了良好的返排效果。80 年代初期，美国、加拿大各油田开始进行泡沫质量 65%～80% 的二氧化碳泡沫压裂试验研究，提高了压裂液黏度，加快了返排，降低了伤害，提高了压裂改造效果。近年来，国外在二氧化碳干法压裂方面开展试验研究工作，实现了无水压裂，在水敏性地层改造中取得了显著增产效果，到目前为止，有 50 多个油田进行了二氧化碳干法压裂，一些井的产量增加了近 10 倍。总之，国外在二氧化碳伴注、二氧化碳泡沫压裂和二氧化碳干法压裂等方面已趋成熟，并形成了配套装备与工艺技术系列。

和水力压裂相比，泡沫压裂技术的优点是[2]：①减少的蒙脱石扩大和伊利石膨胀，但不能完全消除黏土胀大现象；②黏度较高；③返排效果好；④使用较少的水，对岩石伤害较低；⑤泡沫压裂液可在裂缝壁面形成阻挡层，极大降低了压裂液向地层内的滤失速度和滤失量。

泡沫压裂缺点主要有：①流体中支撑剂浓度低；②泡沫系统成本较高，与水基和油基压裂液相比，经济性较低；③泡沫流变性较难；④需要地表泵入高压力。

4. LPG 丙烷压裂技术

丙烷压裂技术主要是用丙烷混合物代替水，在液态高压条件下，将丙烷压缩

---

[1] Gaydos J S, Harris P C. Foam fracturing: Theories, procedures and results. SPE Unconventional Gas Recovery Symposium. Society of Petroleum Engineers, 1980. https://www. onepetro. org/conference- paper/SPE- 8961- MS.

[2] Phillips A M, Couchman D D, Wilke J G. Successful field application of high-temperature rheology of CO_2 foam fracturing fluids. Low Permeability Reservoirs Symposium. Society of Petroleum Engineers, 1987. https:// www. onepetro. org/conference-paper/SPE-16416- MS.

到凝胶状态，与支撑剂一起压入岩石裂缝的技术。通常把液化石油气作为丙烷混合物注入，这是一项替换水力压裂最有前途的方法之一。2011 年，加拿大 Gasfrac 能源服务公司因 LPG 压裂技术获得世界页岩气大会年度"世界页岩气奖"，2012 年又获得美国《勘探与生产》杂志评选的增产技术创新奖。

与水力压裂相比，丙烷或 LPG 压裂技术的主要优点包括[①]：①提高井的生产率，在水力压裂的情况下，由于裂隙中残留的水及其毛细作用，会导致部分水堵塞，降低气产量，而在 LPG 压裂情况下，压力降低后 LPG 从液态变为气态，自由流过裂隙，不会影响蒙脱石和伊利石；②由于流体低黏度、低密度和低表面张力，压裂时能耗较低；③对储层的完全兼容性，因为 LPG 和烃类相互可溶，压裂液添加化学品少；④没有流体损失，几乎 100% 回收；⑤与水力压裂相比，可回收，环境友好；⑥LPG 相关的法律规范较多，可借鉴适用；⑦气体 LPG 比空气密度高，不会导致环境污染和气候变暖；⑧油气藏类型适应范围广。

LPG 的缺点包括：①投资成本比水力压裂高，因为 LPG 需要高压泵入，每次压裂完后需要再次液化；②LPG 必须储存在成本较高的压力罐中；③LPG 具有爆炸性。这些缺点使其具有许多反对者，尤其是环保组织。目前，因为成本和地质条件的限制，该方法没有被广泛使用，如 LPG 压裂已经被禁止使用水基压裂液的地区，如加拿大的 New Brunswick。

5. 爆炸技术

爆炸技术/推进剂系统（explosive/propellant system，EPS）是利用固体火箭推进剂或液体火药，在目标层段引火爆燃（并非爆炸），迅速释放出大量高温高压气体，在极短时间内（几个毫秒到几十个毫秒）将油气层压开多条辐射状的裂缝，达到增产目的。此外，产生的高温高压气体能清除钻井、完井、固井等工作引起的近井带污染。高能气体压裂从 20 世纪 80 年代便成功地应用在美国东部泥盆系页岩现场[②]，已有 30 多年的历史，并被不断的改进[③]。

---

① Taylor R S, Funkhouser P, Dusterhoft R G, Lestz R S, Byrd A. Compositions and methods for treating sub-terranean formations with liquefied petroleum gas. US Patent No 7341103. 2005. https：//patents. google. com/patent/US7341103B2/en.

② 纪树培，李文魁. 高能气体压裂在美国东部泥盆系页岩气藏中的应用. 断块油气田，1994，1（4）：2-8.

③ Gilliat J, Snider P M, Haney R. Field Performance of New Perforating/Propellant Tech-nologies. 1999 SPE Annual Technical Conference and Exhibition, Houston, 3-6 October. 1999. https：//www. onepetro. org/journal-paper/SPE-0999-0072-JPT.

目前，美国正开发这种使用推进剂燃烧（burning propellant）产生的高压气体增产技术，但打孔很难超过 0.3~0.5m，一些特定条件可以达到 0.7m[①②]，故该技术不耗水，也没有黏土水化膨胀问题，只适用于近井区域，如含水层附近的砂岩地层和初次压裂，但不适于塑性地层、泥岩，以及泥质含量较高的泥灰岩和沙质泥岩等。

EPS 具有复合射孔和气体射孔的基本特征，其主要优点表现在：①可形成多条径向裂缝，扩大导流能力；②能量释放过程具有可控性；③对地层和环境污染较小；④工艺简单易行。因此该方法也被认为是环境友好的页岩气和石油压裂方案。

同时，EPS 对地层流体兼容性、可润湿能力、金属沥滤、蒙脱石扩大、伊利石膨胀等没有影响。

6. 其他压裂技术

为了避免水力压裂带来的对健康和环境的严重风险，法国议员 Jean-Claude Lenoir 和其合作者在 2014 年 2 月提出一种通过非易燃七氟丙烷（heptafluoropropane）进行压裂的实验技术，认为七氟丙烷具有不易燃、地下注入后还能完全回收、对环境无害，并且在没有水的情况下也可以使用等优点，但是如果七氟丙烷产生泄漏，将破坏臭氧层，且其温室效应比二氧化碳强 320 倍以上，在生产中也可能排出温室气体。根据蒙特利尔公约，目前只要对臭氧层产生很大影响的任何气体在法国都被禁用，因此该技术对水力压裂技术的替代作用可能会比水力压裂更糟糕。

2.4.3 水平井技术

水平井始于 20 世纪 30 年代，是有众多成功记录的技术。水平井压裂技术能充分利用不同储集层含气性的特点，有针对性的施工，使压裂层位最优化，常应用于垂直堆叠的致密地层增产。水平井分段压裂技术有两种常见方式：可钻式桥塞分段压裂技术和多级滑套封隔器分段压裂技术。可钻式桥塞分段压裂是指将特

---

① What's Holding Back Argentina's Shale Revolution. https：//oilprice-com/Energy/Energy-Genergy/Whats-Holding-Back-Argentinas-Shale Revolutior. html. 2019-01-12.

② The Market structure of shale Gas Drilling in the United states. https：//media. rff. org/documents/RFF-DP-14-31-REV. pdf.

殊材料的桥塞以不同技术手段下入井筒中进行封隔，而后逐段射孔、逐段压裂、
逐段座封，压裂之后采用连续油管一次钻除桥塞并排液的压裂技术。多级滑套封
隔器分段压裂技术通过在井口投球系统操控滑套，依次逐段进行压裂作业
（表2.8）。

表2.8 水平井分段压裂主要技术对比表

分段压裂工艺	优点	缺点	适用范围
限流分段	①不下入工具，风险低；②易操作、快捷	①裂缝覆盖率和水平段的改造不确定；②每段注入排量和体积受到限制；③射孔眼少，打开程度不完善，产量较大时一定程度上影响后期生产；④若返排流速快，出砂严重；⑤孔眼摩阻大，有效孔眼摩阻计算困难；⑥不适合深井	①套管完井的水平井；②只适用于破裂压力相近的储层
管外封隔器+滑套	①分段隔离针对性好；②滑套可根据实际需要开关，选层施工	①对裸眼井，裂缝覆盖率和坐封效果不确定；②封隔器封隔有效性无法验证；③一般用于分段数较少的水平井，因通径限制致使多段压裂实施困难；④加砂过程中，会出现油套打不开的情况	套管完井的水平井
双封隔器单卡	①可进行任意井段施工，不限制裂缝数；②无机械隔离工具，极大地降低工具砂埋或砂卡的风险	①施工规模受到一定限制；②环空需要泵注流体；③上层施工结束，需上提施工管柱继续下一层施工；④高压气井需要采用压井装置；⑤施工后需起出施工管柱，重新下完井管柱	①适合多种完井方式；②泵注压力高，不太适用于深井
机械桥塞	①分段隔离针对性好；②桥塞种类多	①施工周期较长；②存在砂埋或砂卡风险；③在水平井中需用连续油管或油管下桥塞；④对高压井，下桥塞过程中需要压井，易伤害储层	除高压气藏

　　水平井分段压裂施工分为三个主要阶段：第一阶段，注入设计用量的前置液
（不加支撑剂的压裂液）；第二阶段，注入设计砂比的压裂液；第三阶段，泵入
较高砂比的压裂液，之后继续泵入数量不定但砂比不断增加的压裂液。

　　水平井段采用分段压裂，能有效地产生更为复杂的裂缝网络，从而产生更多
的流动通道，提高压裂效果。分段压裂技术适用于垂直堆叠的致密地层、产层较
多、水平段较长的水平井。

　　与直井相比，水平井具有如下特点：

（1）水平井比直井具有更大的暴露面积。水平井通过接触更大的储层面积，大幅提高采收率，获得较多经济效益，目前美国页岩气运营商也更多地依靠水平井完井。例如，在宾夕法尼亚州的 Marcellus Shale 地层，一口直井只能接触到 50ft 的储层，而一口水平井一条侧向分支可以延伸钻开 2000～6000ft 的长、50～300ft 厚的储层。

（2）水平井可以减少地表破坏。在相同面积的区块内，采用水平井技术将有效减少钻井数量、平台、施工道路、管道、生产设备等基础设施的建设，从而减少对地表环境的破坏。与常规气藏相比，由于页岩的低渗透率，要高效采出天然气就需要缩小直井之间的间距，这就导致在 40acre （1acre＝0.404856hm^2） 或者更少的面积上就需要一口直井才能有效采出致密页岩储层中的天然气。通常，完整的开发 1mi^2 （1mi＝1.609344km） 区域需钻直井 16 口，每口井有单独的钻井平台，而钻 6～8 口水平井 （可能更多），只需要一个钻井平台，就可以打开相同的储层面积，甚至更多。据 Devon 能源公司报告称，该公司在 Barnett Shale 地区采用一口水平井来取代 3～4 口直井。

（3）可以减少对野生动物的影响。在天然气的勘探、开发、作业和废弃期间，任何相关的活动都会对野生生物的生长和它的栖息地产生影响。利用水平井和多井平台开发页岩气，不仅因钻井总数和钻井平台的减少而降低了受破坏的地表面积，而且还减少了施工通道和设备通道。这个项目破坏面积的总体减少，对动植物栖息的干扰也就减小了。

（4）水平井成本约是直井的 3 倍。选择钻直井还是钻水平井要考虑多方面的因素，直井需要的资金投入少但是经济效益不高。

2.4.4　压裂液和添加剂

水力压裂技术中最关键的就是将上百万加仑的混合有支撑剂的水基压裂液以高于地层破裂压力的泵压按序列泵入目的页岩层，并对实施过程进行控制和监测。

对页岩气藏进行压裂增产的压裂液主要由水、砂和各种化学添加剂组成。通常，标准压裂液包含 3～12 种化学添加剂，且浓度都比较低。压裂液中化学添加剂的种类及使用数量应根据水和压裂储层的具体情况而定。

化学添加剂包括降阻液、活性剂、稳定剂、氧清除剂、酸液、支撑剂等。每一种添加剂在工程上都有特殊的用途。目前，在页岩气藏中主要加入降阻添加剂的水基压裂液 （称作降阻液）。与不加降阻剂的清水相比，加入降阻剂，可减小压裂液产生的摩阻，降低压力损失，使更多的压裂液和支撑剂泵入地层；加入活性剂，可抑制微生物生长，减少生物结构；加入氧清除剂和稳定剂，防止金属管的腐蚀；加入酸液，清除钻井液对近井带地层的损害；支撑剂（如典型的石英砂）则被压裂液输送来支撑诱发的裂缝。

为了适应各地地层的特殊需要，每种压裂液配方都会有变化。没有一种能适应于任何地层的添加剂配方。在区分压裂液及其添加剂时，关键是要了解提供这些添加剂的服务公司开发的多种复合添加剂，这些复合添加剂具有相近的功能特性，可以在不同井眼环境中使用但达到相同的目的。这些复合添加剂配方不同，可能仅是略微改变其中一种添加剂的浓度。尽管有许多种复合添加剂能用于水力压裂，但针对具体某次压裂作业来说也就只有几种可供选择。

在美国的一些州，相关环保部门也公布了一些水力压裂化学用品的名称（表2.9）。

表2.9　宾夕法尼亚州水力压裂公司所使用的化学药品[①]

化学药品	名称
1，2，4-三甲基苯	乙二醇醚
1，3，5-三甲基苯	瓜尔豆胶
2，2-二溴-3-次氮基丙酰胺	半纤维素酶
2，2-二溴-3-次氮基丙酰胺	盐酸
2-丁氧基乙醇	加氢轻馏分
2-乙基己醇	加氢轻馏分
2-甲基-4-异噻唑啉-3-酮	氧化铁
5-氯-2-甲基-4-异噻唑啉-3-酮	异丙醇
乙酸	异丙醇
乙酸酐	煤油
过甲酸	硝酸镁
乙氧基化醇	网砂（石英）
脂肪酸	甲醇
脂肪醇聚乙二醇醚	溶剂油

---

① Chemicals Used by Hydraulic Fracturing Companies in Pennsylvania. http：//carbonwaters. org/2010/08/chemicals- used- by- hydraulic- fracturing- companies- in- pennsylvania/. 2010-06-30.

化学药品	名称
氧化铝	单乙醇胺
氟化氢铵	萘
重亚硫酸铵	氨三乙酰胺
氯化铵	油雾
铵盐	石油蒸馏混合物
过硫酸铵	石油馏出物
芳香烃	石脑油
芳香酮	聚氧乙烯烷醇（1）
硼酸	聚氧乙烯烷醇（2）
氧化硼	聚氧乙烯混合物
Butan-1-01	多聚糖
柠檬酸	碳酸钾
结晶二氧化硅：方晶石	氯化钾
结晶二氧化硅：石英	氢氧化钾
棉隆	烯丙基胺
板状硅藻土	丙醇-2-01
柴油	炔丙醇
二乙基苯	丙烯
十二苯磺酸	钠灰
E B Butyl Cellosolve	碳酸氢钠
1，2-丙二醇	氯化钠
乙氧基化醇	氢氧化钠
乙氧基化醇	蔗糖
乙氧基化辛基酚	氯化四甲基胺
乙苯	氧化钛
乙二醇	甲苯
乙基己醇	二甲苯
硫酸亚铁水合物	
甲醛	
戊二醛	

目前，科学家已经开发出一种地球化学的示踪剂[①]，能够识别水力压裂液，这有助于帮助识别水力压裂作业时排放到环境中或地下水中泄漏的压裂液。该研究提出的示踪剂是基于页岩地层天然产生的元素，随着流体在页岩地层深处发生反应和混合，硼和锂的含量增多；当它们回流向地面，就具有不同于其他类型废水的独特标示，因此通过标示富含硼锂的水力压裂回流水的同位素和地球化学指纹，就可以确定这些有害污染物是否泄露到环境中，或者泄露到了哪里，而且最终帮助分析哪些途径可以改善页岩气废水的处理，并与其他来源的废水相区别，如传统的油气井的废水。该项研究还在西弗吉尼亚州和宾夕法尼亚州的一个石油天然气盐水污水处理厂下游的一个泄露现场进行了现场测试，研究成果对工业部门，以及负责监测水质与保护环境的联邦政府和州政府有利。

2015 年 8 月，美国 Imma Ferrer 等[②]采用液相色谱-四极杆飞行时间质谱（LC/Q-TOF-MS）法，研究识别水力压裂化合物和表面活性剂的主要类别，该研究也认为压裂液中所用的化学添加剂可作为水力压裂作业造成的水污染的追踪剂，而采用液相色谱-四极杆飞行时间质谱（LC/Q-TOF-MS）法测定回流水和生产水中的化学添加剂，能得到化学物的完整化学表征，钠加合物被证明是主要分子加合物离子用于检测富氧结构添加剂。化学成分的质谱分析类别包括凝胶（瓜尔胶）、杀菌剂（戊二醛和烷基二甲基苄基氯化铵）和表面活性剂［椰油酰胺丙基二甲胺、椰油酰胺丙基羟基磺基甜菜碱（cocamidopropyl hydroxysultaines）、椰油酰胺丙基衍生物］。为了明确识别这些化合物，研究人员用精确质量测量法来表征压裂液中主要离子和 MS-MS 碎片的主要成分、性能等。

2.4.5　页岩气钻井和压裂所需水量

水平页岩气井的钻井液和水力压裂液通常需要 $(2 \sim 4) \times 10^6$ gal ［1gal（UK）= 4.54609L］的水，多数情况下需要 3×10^6 gal 左右（约 1 万 m^3）。值得注意的是各个井需要的用水量相差甚远，但每英尺井眼需要的水的体积会随技术方法水平的提高而有所降低。表 2.10 表示美国 4 口页岩气井每口井需要的估计用水量。

① Warner N R, Darrah T H, Jackson R B, et al. New tracers identify hydraulic fracturing fluids and accidental releases from oil and gas operations. Environmental Science & Technology, 2014, 48（21）: 12552-12560.

② Ferrer I, Thurman E M. Analysis of hydraulic fracturing additives by LC/Q-TOF-MS. Analytical and Bio-analytical Chemistry, 2015, 407（21）: 6417-6428.

表 2.10　部分页气层钻井和压裂用水量的估计　　（单位：gal）

井编号	单井钻井需水量	单井压裂所需水量	单井总水量
巴尼特页岩（1#）	400000	2300000	2700000
费耶特维尔页岩（2#）	60000	2900000	3060000
海恩斯维尔页岩（3#）	1000000	2700000	3700000
马塞勒斯页岩（4#）	80000 *	3800000	3880000

　* 采用空气雾化钻井和/或水基或油基泥浆水平井完井，这些数据是估计值，井和井之间会有显著的变化。

2.4.6　体积压裂技术

　　体积压裂（volume fracturing）是指水力压裂过程中，天然裂缝不断扩张和脆性岩石产生剪切滑移，形成天然裂缝与人工裂缝相互交错的裂缝网络，从而增加改造体积，提高初始产量和最终采收率的技术。体积压裂的作用机理：通过水力压裂对储层实施改造，在形成一条或者多条主裂缝的同时，使天然裂缝不断扩张和脆性岩石产生剪切滑移，实现对天然裂缝、岩石层理的沟通，以及在主裂缝的侧向强制形成次生裂缝，并在次生裂缝上继续分支形成二级次生裂缝，以此类推，形成天然裂缝与人工裂缝相互交错的裂缝网络，从而将可以进行渗流的有效储层打碎，实现长、宽、高三维方向的全面改造，增大渗流面积及导流能力，提高初始产量和最终采收率。体积压裂是基于体积改造这一全新的现代理论而提出的。

　　体积改造理念的出现，颠覆了经典压裂理论，是现代压裂理论发展的基础。常规压裂技术是建立在以线弹性断裂力学为基础的经典理论下的技术。该技术的最大特点就是假设压裂人工裂缝起裂为张开型，且沿井筒射孔层段形成双翼对称裂缝。以 1 条主裂缝实现对储层渗流能力的改善，主裂缝垂向上仍然是基质向裂缝的"长距离"渗流，最大的缺点是垂向主裂缝的渗流能力未得到改善，主流通道无法改善储层的整体渗流能力。后期的研究中尽管研究了裂缝的非平面扩展，但也仅限于多裂缝、弯曲裂缝、T 形缝等复杂裂缝的分析与表征，在理论上未有突破，而"体积改造"依据其定义，形成的是复杂的网状裂缝系统，裂缝的起裂与扩展不单单是裂缝的张性破坏，而且还存在剪切、滑移、错断等复杂的力学行为。

体积压裂所需要的地层条件主要有 3 点：①天然裂缝发育较好，其方位与最小主地应力方位要一致，与压裂裂缝方位垂直，才容易形成相互交错的网络裂缝；②天然裂缝的开启所需要的净压力较岩石基质破裂压力低 50%，同样，有模型研究复杂天然裂缝与人工裂缝的关系，以及天然裂缝开启的应力变化等，建立了天然裂缝发育与扩展模型；③在体积改造中，天然裂缝系统会更容易先于基岩开启，原生和次生裂缝的存在能够增加复杂裂缝的可能性，从而增大改造体积。

2.4.7 监测技术及评价方法

目前，主要运用井下微地震监测、测斜仪裂缝监测、直接近井筒裂缝监测和分布式声传感裂缝监测（DAS）等裂缝监测技术来了解和评价页岩气井水力压裂裂缝的特征。

1. 井下微地震裂缝监测

井下微地震裂缝监测通过采集微震信号并对其进行处理和解释，获得裂缝的参数信息从而实现压裂过程实时监测、管理和压裂后分析，是目前判断压裂裂缝最准确的方法之一。

页岩气储层进行水力压裂过程中，裂缝起裂和延伸造成压裂层的应力和孔隙压力发生很大变化，从而引起裂缝附近弱应力平面的剪切滑动，这类似于地震沿着断层滑动，但是由于其规模很小，通常称作"微地震"。水力压裂产生微地震释放的弹性波，其频率相当高，大概为 $200 \sim 2000\,\mathrm{Hz}$。这些弹性波信号可以采用合适的接收仪在邻井检测到，通过分析处理就能够判断微地震的具体位置，确定微地震的震源在空间和时间上的分布，最终得到水力压裂裂缝的缝高、缝长和方位参数。

2. 测斜仪裂缝监测

测斜仪裂缝监测技术是通过在地面压裂井周围和邻井井下布置两组测斜仪来监测压裂施工过程中引起的地层倾斜，经过地球物理反演计算确定压裂参数的一种裂缝监测方法。测斜仪在地表测量裂缝方向、倾角和裂缝中心的大致位置，在邻井井下可以测量裂缝高度、长度和宽度参数。

页岩气井水力压裂过程在裂缝附近和地层表面会产生一个变位区域，这种变位典型的量级为十万分之一米，几乎是不可测量的。但是测量变形场的变形梯度即倾斜场是相对容易的，裂缝引起的地层变形场在地面是裂缝方位、裂缝中心深度和裂缝体积的函数，变形场几乎不受储层岩石力学特性和地应力场的影响。测斜仪在两个正交的轴方向上测量倾斜，当仪器倾斜时，包含在充满可导电液体的玻璃腔内的气泡因重力产生移动，这将引起探测器两个电极之间的电阻发生变化，从而被仪器所监测。

3. 直接近井筒裂缝监测

直接近井筒裂缝监测是指在井筒附近区域，通过对压裂后页岩气井流体的温度、示踪剂等物理特性进行监测，从而获得近井筒范围裂缝参数信息的技术。这类裂缝监测技术通常作为选择应用技术的补充，主要包括放射性同位素示踪剂法、温度测井、声波测井、井筒成像测井、井下录像和多井径测井技术。

放射性同位素示踪剂法是在压裂过程中将放射性示踪剂加入压裂液和支撑剂，压裂之后进行光谱伽马射线测井。

温度测井用于测量由于压裂液注入导致地层温度的下降，将压裂后测井和基线测量进行比较，可以分析得到吸收压裂液最多的层段。

声波测井利用压裂液进入井筒的声音变化情况确定压裂液流动的差异，从而得到井筒裂缝的大致高度。

井筒成像测井可以获得天然和诱导裂缝的定向图，这些可以提供有关最小主应力方向的信息。

井下录像可以直接观察不同射孔方向的压裂液流情况，从而确定井筒附近裂缝的扩展情况。

多井径测井（又称为椭圆度测井）可以提供井筒崩落的方向和椭圆率，这可以解释最大主应力方向，由于裂缝的延伸方位与最大主应力方向一致，可获得裂缝的延伸方位。

直接近井筒裂缝监测技术需要在压裂后马上测量，不具备实时监测的功能。而且很多方法仅能获得近井筒范围内的裂缝参数，如放射性同位素示踪剂测井，另外如果沿井筒方向的裂缝高度很高或者不完全沿井筒方向扩展则会造成仪器测不到，无法获得裂缝扩展更细节的信息。

4. 分布式声传感裂缝监测

分布式声传感裂缝监测方法是利用标准电信单模传感光纤作为声音信息的传感和传输介质，可以实时测量、识别和定位光纤沿线的声音分布情况。壳牌加拿大分公司于 2009 年 2 月首次将该技术应用于裂缝监测和诊断的现场试验，结果表明该技术可以有效地优化水力压裂的设计和施工，从而降低完井成本并提高井筒导流能力和最终采收率。

分布式声传感裂缝监测系统将传感光纤沿井筒布置，采用相干光时域反射测定法（C-OTDR），对沿光纤传输路径的空间分布和随时间变化的信息进行监测。该技术的主要原理是，在传感光纤附近由于压裂液流的变化会引起声音的扰动，这些声音扰动信号会使光纤内瑞利背向散射光信号产生独特、可判断的变化。

地面的数据处理系统通过分析这些光信号的变化，产生一系列沿着光纤单独、同步的声信号。每个声信号对应于光纤上 1～10m 长的信道，如 5000m 长的井下光纤按 5m 长信道可以产生 1000 个信道。将所收集的原始声音信号数据传送到处理系统，对这些信号进行解释处理和可视化输出。通过实时分析 DAS 地面系统所采集的数据，可以获得压裂液和支撑剂的作用位置，实现优化压裂液和支撑剂作用位置，通过诊断压裂设计的效果，在施工过程中和后续施工中实现成本优化。

5. 不同裂缝监测技术的比较

上述几种裂缝监测技术是目前页岩气井水力压裂过程中常用的裂缝监测技术，还有一些其他监测裂缝参数的方法，如采用电位法观测压裂施工前后地面电位变化推算裂缝延伸方位和缝长。在实际应用中，通过这些方法的综合利用和相互比较，得出水力压裂裂缝的参数，如成像测井和微地震监测相结合的监测技术，测斜仪监测和微地震监测相结合的综合裂缝监测技术。表 2.11 给出了上述裂缝监测技术各自的监测能力和局限性。

表 2.11　几种裂缝监测技术的对比

监测技术	监测裂缝的能力					局限性
	方位	倾角	缝长	缝高	缝宽	
井下微地震	能	可能	能	能	能	对监测井要求高，条件苛刻
测斜仪	能	能	能	能	能	无法确单个和复杂裂缝的尺寸，深井不适用
直接进井筒裂缝测试	能	可能	可能	可能	可能	需要压裂后进行，且智能应用与经验周边
分布式声传感	能	能	可能	不能	不能	无法确定复杂裂缝的尺寸

6. 常用的压裂监测效果评价方法

国内外常用的压裂效果评价方法主要可以分为三种类型：间接方法、直接的近井地带技术及直接的远场地带技术。三种类型都包含了多个子类型方法。

（1）间接方法：施工压力分析法、不稳定试井方法。

（2）直接的近井地带技术：放射性示踪剂、温度测井、生产测井、井眼成像测井、井径测井、井下电视。

（3）直接的远场地带技术：地面倾斜图像、周围井井下倾斜图像、微地震像图、施工井倾斜仪像图。

2.5　本章小结

本节对页岩气勘探开发技术进行了介绍，包括资源评价发、选取技术、地震甜点预测、储层改造技术等，这些技术的进步带来美国页岩气产业的发展已经引起了全球关注，但是随着数据的积累和机器学习、云技术等信息技术的发展，未来页岩气探测与开发将有可能向数字化方向发展。

第 3 章 | 主要国家和地区页岩气政策

近年来，美国和加拿大以页岩气为代表的非常规资源开发取得重大突破，正在推动世界油气供应格局发生重大调整。为了推动页岩气产业健康、有序、稳定发展，欧美等多国页岩气产业不仅需要遵守已有的相关法律法规，还发布一系列相关政策来确保页岩气开发的安全。

3.1 美国页岩气政策

虽然美国的页岩气产量创新高，页岩气革命热情也十分高涨，但美国页岩气开采也并非一帆风顺。美国页岩气开发尽管处于全球领先地位，但公众压力越来越大，原因是在美国一些州，受水力压裂的影响，发生了牲畜患病、地下水污染等健康、安全、环境（HES）方面的问题。2014 年 12 月 17 日，美国时任纽约州州长安德鲁·库默领导的州政府在奥尔巴尼宣布，纽约州将禁止使用水力压裂技术来开采本州的石油和天然气资源。纽约州自 2008 年以来一直暂停利用水力压裂，是继佛蒙特州之后美国第二个完全禁止水力压裂的州。

3.1.1 联邦层面的管理政策

为了有效地管理和促进页岩气产业的健康发展，美国从联邦和州两个层面开展对页岩气产业的监管。表 3.1 表示了美国联邦层面可用于页岩气开发的立法。

表 3.1　美国页岩气相关的法律法规

编号	类型	法律/法规名称	法律/法规	发布年份	制定机构	内容
1	水质监管	《清洁水法案》（CWA）	Clean Water Act	1977	美国国会	规范与页岩气钻井和生产有关的水的地表排放及生产场地的暴雨水径流

续表

编号	类型	法律/法规名称	法律/法规	发布年份	制定机构	内容
2	水质监管	《安全饮用水法案》（SDWA）	The Safe Water Drinking Act	1974	美国国会	规范页岩气开发活动中流体的地下注入
3		《1990年石油污染法案》（OPA）	Oil Pollution Act of 1990	1990	美国国会	旨在减少因石油泄漏对自然资源造成的危害
4	空气质量	《清洁空气法案》（CAA）	Clean Air Act	1963	美国国会	限定从引擎、处理设备和与钻井和生产有关的其他来源的空气排放
5		空气质量法规				
6		废弃排放许可				
7	土地影响	资源保护与恢复法案（RCRA）	The Resource Conservation and Recovery Act	1976	美国国会	通过RCRA，就是要设立解决日益增长的市政和工业废物所引发的大量问题
8		固体废物处理法案（SWDA）	Solid-Waste Disposal Act	1965	环境保护署	豁免了与石油、天然气、地热能源相关的钻采、开发生产的钻井泥浆/液和其他废物
9		濒危物种法案（ESA）	Endangered Species Act	1973	美国国会	就是要保护被联邦政府认定"濒危"或"受到威胁"而罗列出的动植物。该法案第7章和第9章的核心就是监管油气生产

续表

编号	类型	法律/法规名称	法律/法规	发布年份	制定机构	内容
10	土地影响	《国家环境政策法案》（NEPA）	National Environmental Policy Act of 1969	1970	美国国会	要求对在联邦土地上进行的勘探和开发应进行详尽的环境影响分析
11		《联邦水力压裂法细则》	The Hydraulic Fracturing Conditions	2015	美国内政部	法规要求在联邦土地上开采必须公开其使用的化学药剂，恪守油气井的建设标准，并安全处理受到污染的水
12	环境与安全	《环境响应、赔偿、问责综合法案》（CERCLA）	Comprehensive Environmental Response, Compensation, and Liability Act of 1980	1980	美国国会	该法律向石油化工业征税，并赋予联邦广泛的权力直接应对可能危害公众健康和环境有毒物质的排放或危险地排放
13		应急规划与社区知情权法案（EP-CRA）	Emergency Planning and Community Right-to-Know Act	1986	美国国会	有助于增加公众的相关知识，帮助他们获取有关设施所使用化学品信息，以及这些化学品使用后可能潜在释放到环境的相关信息
14		职业安全与健康法案	Occupational Safety and Health Act of 1970	1971	美国国会	雇主有义务为雇员提供安全和健康的工作环境

2015 年 8 月 18 日，为了抑制石油和天然气产业链中甲烷和挥发性有机化合物的排放，美国环保署公布一项新指南，以配合政府提出的控制气候变化的政策，期望与 2012 年相比在未来十年达到甲烷排放量减少 40% ~ 45% 的目标[①]。EPA 发布的甲烷减排指南主要适用于水力压裂油井、相关新设备、压缩机改造设备、输电设施及相关加工厂和气动泵（气动泵被认为是宾夕法尼亚州的第二大甲烷排放源），气动泵周边的管制设备、页岩气井场，以及压缩机的甲烷排放。

由于该指南在技术上并非强制性的，最终仍需要由国家决定如何减少臭氧排放量。虽然甲烷排放量只占到导致全球变暖温室气体的 10%，但是甲烷比二氧化碳更具有威胁，因为甲烷比二氧化碳具有更强的温度效应（是二氧化碳的 28 倍），并在大气中可以存在长达 20 年，美国政府认为现在是甲烷排放必须得到控制的关键时期。

美国对页岩气开发活动的审查越来越严格。2015 年，EPA 石油天然气办公室在前 7 个月对页岩气场地的钻井活动进行 1700 多次的审查，较 2014 年同期增长 11%。随着 EPA 石油天然气办公室审查员的增加和低油价导致的钻井活动大幅减少，审查员有精力观察更多的井和相关记录，同时新井在钻井和压裂过程中需要接受更多的审查。随着对页岩气开发活动越发严格，EPA 的网络合规报告显示，页岩气运营的违规行为逐渐减少，这一情况积极证明了页岩气行业更严格地遵守相关法律法规。

3.1.2 各州的管理政策

在州层面，州政府必须在联邦的监督下，管理和许可所有页岩气开发活动，如钻井、压裂、开采作业、废料的管理与处置、井的废弃与封填。各州都会根据页岩气开发的具体情况，制定更为详尽的制度，并且设置更为专业的机构进行管理，如表 3.2 所示[②]。

---

① EPA unveils tougher emissions rules for shale sites. http：//powersource. post- gazette. com/powersource/ policy- powersource/2015/08/18/EPA- unveils- new- rules- for- methane- VOC- emissions- for- oil- and- gas- sources/ stories/201508180150. 2015-08-19.

② Modern Shale Gas Development in the United States：A Primer. https：//www. energy. gov/fe/downloads/ modern- shale- gas- development- united- states- primer. 2017-12-19.

表 3.2　各州页岩气监督管理机构

编号	州名	机构	网址
1	亚拉巴马	亚拉巴马州地质调查厅州油气董事会	http：//www. ogb. state. al. us/ogb/ogb. html
2	阿肯色	阿肯色州油气委员会	http：//www. aogc. state. ar. us
3	科罗拉多州	科罗拉多自然资源部，油气保护委员会	http：//cogcc. state. co. us
4	伊利诺伊	伊利诺伊自然资源部，油气部	http：//dnr. state. il. us/mines/dog/in-dex. htm
5	印第安纳	印第安纳自然资源部，油气部	http：//www. in. gov/dnr/dnroil
6	肯塔基	能源发展与独立肯塔基部，油气保护部	http：//www. dogc. ky. gov
7	路易斯安那	路易斯安那自然资源部，保护办公室	http：//dnr. louisiana. gov/cons/conserv. ssi
8	密歇根	密歇根州环境质量部，地质测量办公室	http：//www. michigan. gov/deq/0，1607，7-135-3306_ 28607---，00. html
9	密西西比	密西西比州油气委员会	http：//www. ogb. state. ms. us
10	蒙大拿	蒙大拿自然资源保护部，油气委员会	http：//bogc. dnrc. mt. gov/default. asp
11	新墨西哥	新墨西哥能源、矿业和自然资源部，油气保护部	http：//www. emnrd. state. nm. us/OCD
12	纽约	纽约环境保护部，矿业资源部	http：//www. dec. ny. gov/energy/205. html
13	北达科他	北达科他行业委员会，矿业、油气资源部	https：//www. dmr. nd. gov/oilgas
14	俄亥俄	俄亥俄自然资源部，矿业资源管理部	http：//www. ohiodnr. com/mineral/default/tabid/10352/Default. aspx
15	俄克拉荷马	俄克拉荷马公司委员会，油气保护部	http：//www. occ. state. ok. us/Divisions/OG/newweb/og. htm
16	宾夕法尼亚	宾夕法尼亚环境保护部，油气管理局	http：//www. dep. state. pa. us/dep/DEPUTATE/MINRES/OILGAS/oilgas. htm
17	田纳西	田纳西环境保护部，州油气委员会	http：//www. tennessee. gov/environment/boards/oilandgas. shtml
18	得克萨斯	得克萨斯铁路委员会	http：//www. rrc. state. tx. us/index. html
19	西弗吉尼亚	西弗吉尼亚环境保护部，油气办公室	http：//www. wvdep. org/item. cfm？ ssid＝23

3.1.3　页岩气行业标准

为了缓解公众对页岩气开采所使用水力压裂技术的担忧，美国相关的行业协会也纷纷制定页岩气相关的标准。2013～2015年，美国材料和试验协会（ASTM）土壤和岩土国际委员会（D18）下属的水力压裂委员会多次宣布制定《ASTM WK42803 页岩油和天然气的水力压裂作业相关的数据管理和报告的实践标准》、《ASTM WK43267 通过静态顶空采样和火焰离子化检测（GC/FID）来测量溶解气体如甲烷、乙烷、乙烯、丙烷的测试方法》等相关标准。

《ASTM WK42803 页岩油和天然气的水力压裂作业相关的数据管理和报告的实践标准》将重点关注化学信息披露和报告，水源的使用、质量和采样，健康和环境风险，以及油井完整性测试等四个主要领域的数据管理和报告，确保在水力压裂作业期间适当的收集数据，使国家机构、产业和其他利益相关者间的数据交换、提取和分析效率更高。

《ASTM WK43267 通过静态顶空采样和火焰离子化检测（GC/FID）来测量溶解气体如甲烷、乙烷、乙烯、丙烷的测试方法》被用来测试水力压裂区域的水样品，以保证水力压裂区域的饮用水安全。

3.2　欧洲页岩气政策

尽管欧洲还没有对页岩气进行开采，目前德国、法国、波兰、英国等14个欧洲国家已探明具有丰富的页岩气资源，但由于页岩气开发带来的环境污染和人体健康的风险，欧洲各国对页岩气开发持不同意见。英国曾一度停止页岩气开发到目前转变为积极推进，德国持保留态度，法国、保加利亚等已法律禁止开采页岩气，爱尔兰、荷兰、奥地利、波兰、匈牙利、西班牙等对页岩气的开采持开放态度。

不论如何，欧洲大陆为了在保障健康和安全的条件下开发页岩气资源，从欧盟委员会（European Commission）到各国都不约而同的尝试制定页岩气相关的安全环保政策。2014年1月，欧盟委员会通过页岩气开采环境和气候保护措施原则建议，要求所有成员国在6个月内采用这些原则来处理健康和环境风险，并从2014年12月起每年向委员会通报采取措施的情况，欧盟委员会将通过记分形式监督建议书的采纳情况并作比较，同时提高公众透明度，为此，欧盟委员会于2014 年 2 月出版该建议书，该建议书要求欧盟成员国在 18 个月的时间内制订一套页岩气开发行业规范指南，包括诸如邀请社区的参与、制订环境可持续发展的框架等。

2015 年 2 月 27 日，欧盟委员会发布一个计分板（score board），用以审查欧盟成员国关于欧盟委员会对页岩气勘探开采建议书的执行情况[①]，并回答在 2014 年 12 月 31 日前为制订指南做了哪些工作，同时欧盟委员会会对成员国页岩气的战略规划、提供勘探生产许可证、监控流程、基础设施的设计和施工，以及为公众提供信息等方面进行评估，以了解成员国页岩气开发的实施情况并决定是否有必要在勘探开采页岩气领域提供进一步的法律约束力。

截至 2015 年年底，欧盟层面已经制定了 17 项不同的法律，对石油和天然气行业进行严格监管，同时还有一些国家制定了国家法规。如果能源得到可靠和安全供应，将为普通家庭提供能源需求，推动工业发展，支持经济增长，创造就业机会，而页岩气的勘探开采可以在这些方面发挥关键作用。

欧盟成员国都有着不同的能源问题，需要务实的作出其能源开发的选择，单个成员国对本国资源开发的决定，应当符合欧盟的现行法律，并在环境可持续发展的框架内进行。欧盟及其成员国会在各自范围内承担责任，建立必要的社会许可，确保受到影响的社区清楚页岩气商业开发可能为其带来的益处。

3.2.1 英国

英国页岩气开采目前还处于早期阶段，但是最新的评估结果表明其潜在储藏量高达 3.8 万亿 m^3，足够整个英国使用 470 年，因此页岩气被英国政府视为一种令人振奋的经济前景。

但是英国页岩气开发的政策却颇具波折。2011 年，由于英国开展的单井页岩压裂开发工作引发了 2 次小的地震，导致政府出台禁止页岩气水力压裂开采的临时禁令，但为了继续推动页岩气的开采，英国能源与气候变化部（DECC）在2012 年 12 月中旬宣布：页岩气的勘探工作可以重新开始，但为了减少因此可能造成的地震风险，必须实行新的页岩气勘探规则。

为了刺激国内页岩气的开发活动，2013 年 7 月英国财政部宣布将页岩气开发

---

① The European Commission's Shale Gas Scoreboard. http：//www. shalegas-europe. eu. 2018-05-11.

收益税率由当前的62%下调至30%，这意味英国将对页岩气行业实施全球最优惠税率，而全球大部分国家石油和天然气税率为62%。据英国财政部公布的计划，在勘探阶段，页岩气开发商需为每个页岩气压裂钻井所在的社区提供10万英镑的开发收益，同时所在社区还能分享页岩气的总开发营收，比例不低于1%。财政部认为，页岩气开发除能保证英国能源安全，开采项目还能够创造数以千计的就业岗位，并为政府创造更多税收。

为了进一步加大对英国境内页岩气的开采力度，2013年12月中旬英国政府经过严密调查，公布了开采页岩气资源的《监管路线图》，规定了一系列许可和权限及相关程序，它为投资者和当地政府提供了许可过程中所需要的确切信息，这是陆上石油和天然气开发者需要提前获得的。

2014年1月，英国地质调查勘探局（BGS）经过详细的研究与分析和广泛的公众咨询，认为勘探可能造成的地震风险可以有效管理和控制。DECC公布的减小地震风险的控制措施主要包括：①开始勘探之前必须进行风险评估，确定是否有地震断层存在；②勘探计划必须向DECC说明如何解决地震风险；③地震监测必须贯穿勘探前、中、后的整个过程；④确定新的管理系统对地震活动分类和直接响应，在特定情况下可通过触发机制直接停止勘探工作。

2015年1月19日，英国政府宣布向英国自然环境研究理事会（NERC）注资3100万英镑打造世界一流的地下研究试验中心[①]，将世界领先的知识应用于能源技术领域，包括页岩气、碳捕获与封存等。该计划拟通过英国地质调查局成立2个地下研究中心，为地下研究、监测等提供世界领先的设施。目前其中一个地下研究中心的选址已敲定在桑顿科技园（Thornton Science Park），另一个还在商榷中。该开创性系统有助于提高对英国地下环境的认识及对该环境的密切监测，还将为政府确定未来的能源政策提供独立的科学依据。

为了尽快推进页岩气的开发，英国政府在2015年8月以来连续发布了《英国页岩油气政策》、制定干预页岩开发申请延迟制度、发放许可证等一系列政策措施，期望通过长期努力将英国转型为低碳经济体，确保英国能源供给，振兴英国经济，减少碳排，改变能源依靠进口的现状，降低能源供应风险，提高能源恢复能力。此外，2015年5月英国保守党在选举胜利后，也在承诺支持页岩气及压

---

① Chancellor announces £31m for subsurface research. http：//www.nerc.ac.uk/latest/news/nerc/subsurface/. 2015-02-19.

裂技术的开发，试图改善英国生产力低下的现状并降低对国外能源的依赖①。

1. 英国发布《页岩油气政策声明》

2015年8月13日，英国能源与气候变化部和社区与地方政府部（DCLG）联合发布题为《页岩油气政策声明》的政策报告，阐明了英国政府关于开采页岩油气资源的观点，认为国家有必要以安全、可持续的方法及时开发页岩油气资源，并提出了应采取的相应步骤。报告认为：

（1）开采页岩油气资源的必要性。开采页岩油气资源将为英国带来可持续的效益并保证能源供给、经济增长和更低的碳排放。表现在：①新产业的发展将拉动整个国家的经济增长；②开发页岩油气资源能够促进国内关键能源基础设施投资，激活国内资本市场，促进产出和经济增长；③将促进降低英国能源进口、改善国际贸易的不平衡；④在拉动投资增长的同时，还能刺激天然气、建筑、工程及化学等行业就业机会的扩增，使地方受益。

（2）必须确保生产安全并强化环境保护。英国政府认为现在开发页岩油气资源具有可行性和可靠性，规划部门要有信心保证监管者能够强化安全、有效的环境监管和地震监测，因此页岩气生产应遵循制定好的操作标准、完善的规则，有效控制风险。

（3）保证信息的公开与透明，确保公众对页岩油气资源有客观的认识、社区的有效参与、倾听来自专业监管者的声音，为此政府已经在2015年对页岩油气年拨款500万英镑专门用于确保信息的透明，以及公众对相关信息的正确理解。

（4）确保社区参与相关规划决策。政府将充分考虑所有可能受新产业影响的各相关方，确保其利益得到保护，并鼓励地方社区参与相关规划决策，政府在2015～2016年提供专项基金120万英镑，以保障地方决策的及时性。

（5）保证社区共享页岩油气开发收益。英国政府欢迎页岩气公司对社区作出回报承诺，并将用一部分页岩气产出税收来保证当地社区的收益，还将尽快出台主权财富基金方案，保证与社区之间的收益分配公平合理。

2. 英国政府对页岩气开发申请的规划系统延迟进行干预

作为欧盟最有可能发展页岩气的国家，英国有着强大的政府支持，因为页岩气不仅便宜而且还是本土未来的新能源，但是这看似美好的前景并不能完全说服

① UK Conservative Government Vows To Support Shale Gas, Fracking. http://www.lse.co.uk/AllNews.asp? code=kvglbm0h&headline=UK_ Conservative_ Government_ Vows_ To_ Support_ Shale_ Gas_ Fracking. 2015-05-11.

英国页岩气储量最丰富的地方——兰开郡的市民。2015 年 6 月 29 日，兰开郡议会在数次推迟是否决定开发页岩气后，给页岩气开采投出了反对票，使欧洲本已十分困难的非常规油气的发展变得雪上加霜①。

为了解决当前一些地区页岩气开发规划延迟问题，英国社区、地方政府部及能源和气候变化部于 2015 年 8 月 19 日宣布中央政府将在陆上石油和天然气开发规划申请中采取干预行动，以表示政府加快页岩气开发的决心。

（1）地方规划部门应在规定时限内确定页岩气开发申请，应同意申请者的提前预约并给出预测的决定日期，同时地方规划部门还应充分考虑现有规划指导的合理性。

（2）地方规划部门若未能按要求执行，申请将被移交至部长处。政府将对一再超过陆上石油和天然气开发申请确定的截止日期的地方规划部门予以确认，部长将确定是否由自己替代该机构来确定申请。

（3）部长有权剥夺地方政府审核权。部长将会积极考虑审视页岩气的开发申请，每一项申请草案都将被认真考虑，权衡利弊，一旦被批准将得到适当的优先权。

（4）若页岩气开发申请被拒绝而上诉时，该诉讼将作为优先事项。督察处将优先处理页岩气的开发诉讼，社区和地方政府部部长将考虑恢复任何页岩气的开发请求，最后将由部长亲自做出最终的决定而不是督察处。

3. 为提振经济，英国发放页岩气开采许可证

2015 年 9 月 2 日，英国政府发放了 27 个陆地石油和天然气开采许可证，允许在 270km² 国土面积上使用水力压裂技术。

英国能源部长 Lord Bourne 表示：建立一个更加灵活的经济方式、创造就业和提供能源安全供应的体系是我们的一项长期发展计划，作为其中的一部分内容，我们将继续支持陆地石油和天然气产业及页岩气产业在英国的安全发展。

根据英国监管机构石油和天然气管理局的规划，27 个新的页岩气开发区块中每个区块的面积为 10km²，另外还有 132 个区块需经过详细的环境风险评估后才能批准开发。该监管机构表示，已收到来自 47 家企业的近 100 份申请。英国一流的油气勘探和开发企业如 IGas 和法国能源巨头法国燃气苏伊士集团（GDF Suez）在获准开发许可的企业之列。

---

① Shale prospects flail after UK vote. http：//www. politico. eu/article/shale- gas- prospects- flail- after- uk-vote-energy-fracking/. 2015-06-29.

英国能源部表示：陆地石油和天然气产业对于国家经济发展发挥了重大作用，除此之外还为英国的家庭和企业提供了安全可靠的能源保障。Lord Bourne 特别强调，英国页岩气领域的投资将高达 330 亿英镑，并且将创造 64000 个就业岗位。

英国政府许可页岩气开采的举措引发了来自环境保护团体和居民的抗议，他们担心页岩气开采的水力压裂会造成地下饮用水的污染并导致地震。尽管遭到民众的反对，英国政府一直在极力推进国家的页岩气开采计划以减少对能源进口的依赖并增加税收。

3.2.2　法国

法国政府一直禁止使用水力压裂技术勘探和开采页岩气。法国坐拥巴黎盆地和罗纳河谷约 5 万亿 m^3 的页岩气资源。然而，作为欧洲页岩气储量最大的国家之一，法国反对开采页岩气态度坚决。2005 年，法国时任总统希拉克提出要在环境问题上采取"预防原则"，即国家必须预防经济活动对环境的危害。由于水力压裂技术可能污染地下水，甚至可能引发小幅地震等危害，法国国内绿党等环保人士也极力反对开发页岩气。

在 2011 年 7 月，法国正式通过了一项法案禁止使用开采页岩气所必需的水力压裂技术。根据这一决定，法国多个页岩气开采的许可被废止。针对该禁令，美国企业 Schuepbach 能源公司提出其与法国宪法相违背的申诉。2013 年 10 月 11日，法国最高法庭——法国宪法委员会经过核准，宣布该水力压裂法禁令与宪法并不违背，重申要维持页岩气水力压裂禁令，以保护生态环境，Schuepbach 能源公司的申诉落败。至今，这项技术都仍属于绝对禁区。法国总统奥朗德也宣布，在其任期内仍将禁止开采页岩气[①]。

2015 年 4 月 6 日，法国《费加罗报》网站公布了一份关于页岩气开发的专业文件，阐述法国开发页岩气和页岩油的可行性[②]。文件的结论表明，通过向岩石内注射丙烷氟化物而使岩层断裂，可以在不使用水力压裂技术的条件下开采页岩气，从而避免水力压裂技术可能对环境造成的危害。这份文件是 2014 年年初完成制定的。文件显示，如果将此技术同时用于开采页岩气和页岩油，未来 30

---

① 法国仍将禁止开采页岩气 . http：//world. people. com. cn/n/2012/0915/c42356- 19015956. html. 2012-09-15.

② 法国解禁页岩气开采阻力不小 . http：//news. ifeng. com/a/20150408/43503215_ 0. shtml. 2015-04-08.

年内将可能创造总计 2940 亿欧元的产值，每年对法国国内生产总值的贡献率将达 1.7%，10 年内可创造 29.7 万个就业岗位。有分析认为，这份披露的文件有可能推动法国解禁页岩气开采的时刻提前到来。

法国时任环保部长罗亚尔在文件曝光后表示，虽然受到游说集团的压力，政府仍拒绝一切要求批准页岩气开采钻井的申请。目前看来，法国在是否解禁页岩气开采问题上，如何协调好各方利益，提高民众接受度，扭转舆论格局和政策导向及修改法律都并非易事。

3.2.3 德国

德国的页岩气资源大约有 23000 亿 m^3。德国每年消耗的天然气大约是 860 亿 m^3，其中有近一半是从俄罗斯进口。页岩气将可能是德国能源结构中的重要组成部分。自德国政府 2011 年宣布到 2022 年关闭国内所有的核电厂以来，该国正在争先恐后地扩大可再生能源发电和寻找其他能源。不过，在北海地区建造新的高压电线以连接风力发电到德国的中部和南部工业区已经引起了强烈的反对，新的线路也面临着立法挑战。

德国政府曾经规定在一定条件下可使用水力压裂开采页岩气技术。2013 年 2 月 26 日，受工业界的压力，德国政府公布一项法律草案：在一定条件下允许利用水力压裂开采页岩气，但禁止在保护区和饮用水附近进行水力压裂，并表示任何项目都应开展环境影响研究，该草案适用于德国 14% 的领土。

2015 年 4 月 1 日，德国总理默克尔签署一项法律草案，将禁止采用水力压裂法进行页岩气商业开采[①]。该法律草案规定，2019 年之前，若采用水力压裂法进行页岩气商业开采，则必须通过特别委员会钻井测试。2019 年之后，水力压裂将会被禁止使用。同时，也禁止任何钻井低于 3000m 的领域采用水力压裂法。仅有深井钻探或者致密气藏才可以使用水力压裂法。水力压裂法受严格的环境评审及法律条例管束。任何供应饮用水的区域也将被禁止使用水力压裂法，包括水坝和水库所在地。

对于水平井的大规模多级水力压裂（HF）相关环境风险的担忧，阻碍了德国非常规天然气资源的开发。为了规范德国的水力压裂技术，2015 年 4 月 1 日，

---

① 德国制定法律草案禁止页岩气水力压裂 . http：//finance. sina. com. cn/money/future/futuresroll/20150408/091121906111. shtml. 2015-04-08.

德国总理内阁针对议会提出的问题签署了一项法律草案①。此后，以德国科学家为主的多国专家组对该草案进行了评估，相关结果于 2015 年 5 月发表在 *Environmental Science & Technology*（《环境科学与技术》）上。德国专家们表示，他们赞赏德国有意公开探讨水力压裂产生的化学物质，以便建立监管体系的做法，与此同时，北美的科学家也参与相关工作，并认为要依据当前的科学知识、研究空白和独立研究的必要性等对该草案进行讨论。

该草案的主要内容包括：①在水管理法与联邦自然保护法规定的水源保护区及其流域和自然栖息地禁止进行水力压裂，但是，饮料行业的深层地下水集水区或取水区并不受此限制；②在其他地区可以进行水力压裂和地层水（formation water）的回注处理，但需经过采矿企业的环境风险评估，对所有化学添加剂进行申报；③禁止在地下 3000m 以内的页岩、煤、黏土和泥灰岩地层中从事水力压裂活动，除非进行科学调查以探讨水力压裂对环境的影响，并且，同行科学专家组认为以商业为目的的水力压裂不会对开采区地层产生影响。

对此，专家有如下 5 个建议。

（1）由于该草案并没有完全将垂直井"常规水力压裂法"产生的少量废液和化学物质与较新的长水平井的大容量多级水平压裂法产生的化学物质区分开，而仅针对致密气开采。在北美，致密砂岩与页岩中的天然气和石油几乎全部来自于水平井的多级水力压裂，井长可能超过 2000m。各种类型与各种容量的压裂液和化学添加剂均就地处理。因此，浅层水资源的风险可能更多地取决于钻井类型、水力压裂和井的完整性，而非储层类型，建议在草案中增加此条款。

（2）废水包括返排水（水力压裂后出现的压裂流体）和地层水（新出现的地质流体）。该草案建议将两者分开处理，清理地表返排水，回注地层水。但是返排水和地层水主要以混合物的形式出现，无法分离。此外，返排水与地层水中的化学物质很难表征和认识。即使完全清楚某一地区水力压裂的添加剂，仍然需要进一步的研究来确定地下转化产物和地质成因物质的特征，以及其整体毒性。

（3）已建立的地表返排水的解决方案并非总是可行的，特别是当返排水不可避免地与高盐度地层水混合时。虽然美国的页岩气勘探已持续了十几年，但是仍然发现了复杂的有机和无机化学物质（有时甚至具有放射性）。环境影响评估认为废水注入适用于所有化学物质的想法可能不太现实。最终，废水注入的长期

---

① Elsner M, Schreglmann K, Calmano W, et al. Comment on the german draft legislation on hydraulic fracturing: The need for an accurate state of knowledge and for independent scientific research. Environmental Science & Technology, 2015, 49 (11): 6367-6369.

影响（包括水质和地震）还需要进一步系统研究。就目前的情况而言，无论是德国还是北美，都很少进行深处理井周边的水质监测。

（4）鼓励披露水力压裂涉及的全部化学品，但建议补充条款（关于化学品清单）必须保证每一种物质要符合欧盟对于"单一物质和混合物的类别、标签和包装的规定"（regulation on classification, labelling and packaging of substance and mixtures），以便分析对水资源的危害，而非工业处理期间的危害。

（5）德国联邦教育与科研部（Federal Ministry of Education and Research）的附加规定必须确保：①调查由科学家独立完成，无企业参与；②适当资助以确保科学的独立性；③采用最高标准的同行评议系统以科学卓越为基础，应用系统综述以科学的卓越性为最高标准，规定了最佳监测方法，可预防未完全了解环境影响而进行的勘探。同时，还应当实时开放现有信息。此外，需要说明的是，当前的环境影响评估不包括已授权的水力压裂，草案也未考虑对这些操作的研究和监测。

但是，德国工业界一直在对政府施加压力，希望尽快发展资源来振兴经济。德国也意识到美国制造业增长的部分原因是由于页岩气开采提供了廉价的能源。

3.2.4 罗马尼亚

罗马尼亚对页岩气的开发不抱有任何期望，不仅因为该国对可用储量的较低预测及较低的盈利预期，同时越来越多的公众反对水力压裂技术的使用，此外石油价格的持续走低，使得页岩气开采不具有显著的经济性。

3.2.5 波兰

为了加快页岩气的勘探和开采工作，波兰政府于 2014 年 3 月通过一项法律草案，决定波兰 2020 年以后开始征收页岩气勘探和开采税，在这期限之前是免税收。同时波兰还将大幅简化有关页岩气开采的行政审批手续，为潜在的投资者提供便利。据估计，2020 年之后波兰的税收也不会超过收入的 40%。

荷兰政府 2014 年 7 月 10 日宣布，由于不清楚荷兰境内有多少页岩气，以及页岩气开采在财政上是否可行，而且"研究显示页岩气开采的环境影响尚不确定"，将禁止在荷兰境内进行页岩气钻探，禁令有效期为五年，并不再续延已有的勘探许可证。

2014 年 7 月下旬，波兰众议院通过新法案，规定自 2020 年起在波兰的页岩气开采者须支付 40% 原材料税。该法对石油和天然气开采者也做出类似规定，提高其向地方政府和国家环保和水文经济基金支付的勘探费，天然气由 6 兹罗提（1 元 = 0.55234 兹罗提）/1000m³ 增至 24 兹罗提/1000m³，石油由 36 兹罗提/t 增至 50 兹罗提/t。

近年，波兰环境部已向包括雪佛龙、波兰油气公司（PGNiG）、Lotos 和 Orlen 等企业发放 100 多个页岩气勘探许可，而包括埃克森美孚（Exxon）、马拉松（Marathon）和塔里斯曼（Talisman）公司在内的 6 家能源公司已陆续从波兰撤出①。

3.3 亚洲页岩气政策

3.3.1 中国

为了推进页岩气的开发，中国已投入超过 10 亿美元进行页岩气勘探，但大多数区域位于难以进入的山区，无论是页岩气的埋藏深度或者作业点距离水力压裂所需的水资源太远等因素，都使得钻井工程及建立必要的管道和管线等基础设施更加具有挑战性，且成本更加昂贵，因此我国页岩气开发工作具有较大困难。

2012 年 3 月 16 日，国家能源局发布《页岩气发展规划（2011～2015 年）》，制订了"十二五"期间我国对页岩气的勘探、开发战略，计划在全国建立 19 个页岩气勘探开发区；提出到 2015 年实现页岩气产量 65 亿 m³，2020 年产量力争实现 600 亿～1000 亿 m³。

2012 年 5 月 17 日，国土资源部发布《页岩气探矿权投标意向调查公告》，公布 2012 年页岩气探矿权招标投标资格条件，除要求投标内资企业注册资金不得低于 3 亿元人民币外，没有过多的其他要求，门槛大大放宽。

2012 年 11 月 5 日，财政部下发了《关于出台页岩气开发利用补贴政策的通知》，补贴由中央和地方两部分组成。财政部对页岩气开采企业给予补贴，2012～2015 年的补贴标准为 0.4 元/m³，补贴标准将根据页岩气产业发展情况予以调整；地方财政可根据当地页岩气开发利用情况对页岩气开发利用给予适当补贴，具体标准和补贴办法由地方根据当地实际情况研究确定。

---

① 波兰众议院通过一项页岩气税新法案. http://www.chinairn.com/news/20140729/150636440.shtml. 2014-07-29.

2013 年 10 月，国家能源局发布《页岩气产业政策》，提出把页岩气开发纳入国家战略性新兴产业，加大对页岩气勘探开发等的财政扶持力度，具体内容包括：①国家将鼓励建立页岩气示范区，加快示范区用地审批，支持示范区其他相关配套设施建设，鼓励页岩气勘探开发技术自主化，加快页岩气关键装备研制；②为促进页岩气资源有序开发，国家能源主管部门负责制定页岩气勘探开发技术的行业标准和规范，鼓励各种投资主体进入页岩气销售市场，逐步形成以页岩气开采企业、销售企业及城镇燃气经营企业等多种主体并存的市场格局；③鼓励地方财政根据情况对页岩气生产企业进行补贴，补贴额度由地方财政自行确定，对页岩气开采企业减免矿产资源补偿费、矿权使用费，研究出台资源税、增值税、所得税等税收激励政策；④鼓励从事页岩气勘探开发的企业与国外拥有先进页岩气技术的机构、企业开展技术合作或勘探开发区内的合作，引进页岩气勘探开发技术和生产经营管理经验，以及鼓励页岩气资源地所属地方企业以合资、合作等方式，参与页岩气勘探开发。

为了落实国家《页岩气产业政策》，促进页岩气市场的稳健发展，我国于2013 年正式批准成立国家能源行业页岩气标准化技术委员会（以下简称"标委会"），全面启动页岩气产业技术标准体系的建设工作。该标委会的主要工作以《页岩气发展规划（2011～2015 年)》为指导，围绕制约页岩气发展的关键技术，建立先进、系统、适宜、可实现的页岩气技术标准体系。该体系分为三层：第一层为页岩气通用基础标准；第二层包括地质分析、地质评价、钻完井工艺、储层改造、气藏开发、地面建设、安全环保、经济评价共八个专业领域；第三层为页岩气技术的专业标准，原则上针对页岩气产业领域内从勘探、评价、开发到地面建设、输送和利用全产业链所涉及的技术标准。该标委会期望通过 3～5 年的努力，基本建成我国页岩气全产业链标准体系。2015 年 1 月，国家能源局发布了第二批能源领域行业标准制（修）订计划项目，其中涉及页岩气相关的标准共有10 项。按照计划，这 10 项标准都将于 2015 年内完成制定工作（表 3.3）。

表 3.3 我国正在制定的 10 项页岩气标准详细信息

序号	计划编号	标准名称	类型	主要起草单位
1	能源 20140628	页岩气地震资料处理解释和预测技术规范	基础	中国石油化工股份有限公司石油勘探开发研究院、中国石油化工股份有限公司江汉油田分公司物探研究院、中国石油集团川庆钻探工程有限公司地球物理勘探公司、中国石油东方地球物理勘探公司

序号	计划编号	标准名称	类型	主要起草单位
2	能源 20140629	页岩气开发评价资料录取规范	基础	中国石油西南油气田分公司勘探开发研究院、中国石油化工股份有限公司江汉油田分公司勘探开发研究院、中国石油西南油气田分公司采气工程研究院、四川长宁天然气开发有限责任公司
3	能源 20140630	页岩气井试气作业规范	基础	中石化江汉石油工程有限公司井下测试公司、中国石化华东油田分公司井下作业公司
4	能源 20140631	页岩气水平井钻井工程设计推荐作法	工程建设	中国石油川庆钻探工程有限公司钻采工程技术研究院、中国石油集团川庆钻探工程有限公司安全环保质量监督检测研究院
5	能源 20140632	页岩气水平井及井组钻井安全作业及井眼质量控制推荐作法	方法	中国石油川庆钻探工程有限公司钻采工程技术研究院、中国石油集团川庆钻探工程有限公司川西钻探公司、中国石油集团川庆钻探工程有限公司川东钻探公司
6	能源 20140633	页岩气录井技术规范	基础	中国石油化工股份有限公司石油工程技术研究院、中国石油化工股份有限公司胜利石油工程有限公司地质录井公司、川庆钻探、中国石油化工股份有限公司江汉石油工程有限公司江汉机械公司、中国石油化工股份有限公司西南石油工程公司、中国石油西南油气田公司开发部长宁天然气开发责任有限公司、中国石油化工股份有限公司江汉油田分公司
7	能源 20140634	页岩气钻井液使用推荐作法油基钻井液	产品	中国石油集团川庆钻探工程有限公司钻井液技术服务公司、中国石油川庆钻探工程有限公司工程技术处、中国石油化工股份有限公司石油工程技术研究院
8	能源 20140635	页岩气射孔第4部分：水平井钻磨桥塞作业要求	产品	中国石油集团川庆钻探工程有限公司钻井液技术服务公司、中国石油川庆钻探工程有限公司工程技术处、中国石油化工股份有限公司石油工程技术研究院
9	能源 20140636	页岩气工具及设备第7部分：复合桥塞	产品	中国石油化工股份有限公司石油工程技术研究院、中国石油川庆钻探工程有限公司测井公司、国家能源页岩气研发（实验）中心、中国石油集团川庆钻探工程有限公司井下作业公司、中国石油集团川庆钻探工程有限公司装备处、中国石油集团川庆钻探工程有限公司长庆井下技术服务公司、中国石油西南油气田公司采气工程研究院
10	能源 20140637	页岩气工厂化压裂作业要求	方法	中国石油川庆钻探工程有限公司井下作业公司、中国石油川庆钻探工程有限公司工程技术处、中国石油西南油气田分公司采气工程研究院

页岩气标准化管理工作由中国石油天然气集团公司负责，相关技术委员会的技术归口单位为能源行业页岩气标准化技术委员会。页岩气行业标准的制定将对页岩气技术的研发、勘探开采提供指导作用，将促进我国页岩气产业的发展。

2014 年 6 月，我国国土资源部发布中国首部页岩气储量行业标准《页岩气资源/储量计算与评价技术规范》（以下简称《规范》），并于 6 月 1 日起实施。《规范》将页岩气勘探开发分为勘探、评价、先导试验、产能建设 4 个阶段，按技术可采储量大小将页岩气田规模分为 5 种类型，并明确了页岩气储量的计算标准。按技术可采储量大小，页岩气田规模分为特大型（大于等于 2500 亿 m^3）、大型（大于等于 250 亿 m^3，小于 2500 亿 m^3）、中型（大于等于 25 亿 m^3，小于 250 亿 m^3）、小型（大于等于 2.5 亿 m^3，小于 25 亿 m^3）、特小型（小于 2.5 亿 m^3）。

《规范》明确了页岩气储量计算标准，试采 6 个月的单井平均日产气量下限为进行储量计算应达到的最低经济条件，根据埋深、开发特点分为 5 档：直井日产气量 500m^3、水平井 5000m^3（埋深 500m 以浅）；直井日产气量 1000m^3、水平井 1 万 m^3（埋深 500~1000m）；直井日产气量 3000m^3、水平井 2 万 m^3（埋深 1000~2000m）；直井日产气量 5000m^3、水平井 4 万 m^3（埋深 2000~3000m）；直井日产气量 1 万 m^3、水平井 6 万 m^3（埋深 3000m 以深）。

2014 年 11 月 19 日，国务院公布《能源发展战略行动计划（2014~2020 年)》，指出：加强页岩气地质调查研究，加快"工厂化"、"成套化"技术研发和应用，探索形成先进适用的页岩气勘探开发技术模式和商业模式，培育自主创新和装备制造能力；着力提高四川长宁-威远、重庆涪陵、云南昭通、陕西延安等国家级示范区储量和产量规模，同时争取在湘鄂、云贵和苏皖等地实现突破。到 2020 年，页岩气产量力争超过 300 亿 m^3，比之前《页岩气发展规划（2011~2015 年)》提到的目标更为现实。

2015 年 4 月底，财政部和国家能源局联合宣布，页岩气开发利用补贴标准 2016~2018 年将降到 0.3 元/m^3，2019~2020 年再降至 0.2 元/m^3。相较于 2012 年开始执行的 0.4 元/m^3 页岩气补贴，意味着页岩气补贴未来 5 年将减半[①]。2012~2015 年实行补贴以来，我国页岩气产量增长迅速，从 2012 年的 2500 万 m^3 增长到 2014 年的 13 亿 m^3。照此计算，财政补贴 6.1 亿元，主要面向实现销售页岩气的企业，如中石油、中石化等。

---

① 政策补贴未来 5 年逐步减半 页岩气企业两头受压 . http：//www.100ppi.com/news/detail-20150508-568294.html.2015-05-08.

《页岩气发展规划（2016~2020 年）》明确指出，到 2020 年我国页岩气年产量达到 300 亿 m³。

3.3.2 印度

印度也在筹划开发本国的页岩气产业。2013 年，印度批准国有企业在各自的陆地油田进行页岩油气勘探，以期提高印度这个能源需求大国的国内油气产量，减少对进口的严重依赖度。

2014 年 11 月，印度油气勘探商——印度油气公司（ONGC）表示已经钻取了一个具有前景的页岩油气储藏，并正在另外 7 个储藏区进行钻井，ONGC 共计在 50 个租赁区域开展了页岩油气勘探，同时印度另一个大公司——印度石油公司已经识别了五个这样的区域。

3.3.3 哈萨克斯坦

为了提高天然气产量，哈萨克斯坦决定开发页岩气项目。2014 年 11 月 27 日，哈萨克斯坦总理马西莫夫宣布，该国正在制定页岩气开采项目，期望通过包括开发天然气在内的能源生产方式，使哈萨克斯坦未来将跻身于世界十大能源资源开采国之列。

2015 年 10 月初，哈萨克斯坦能源部副部长卡拉巴林在第十届能源安全论坛"欧亚地区能源安全"会议上表示："哈萨克斯坦愿同中国共同进一步推进页岩气潜力研究，哈中丝绸之路合作的一个重要方面是对哈萨克斯坦页岩气潜力进行研究，中国是除北美以外唯一一个在低渗透油藏利用潜力方面取得重大进展的国家。"。

哈中合作的另一个重要方面是实施"欧亚"项目。"欧亚"项目计划 6 年内投资 5.23 亿美元，2016 年开始合同准备工作，哈萨克斯坦拟和 5~6 家有兴趣的公司成立合资企业或财团。

第三个合作领域是发展提高石油采收率技术研究。哈萨克斯坦决定将原油采收率提高 5~7 个百分点，并期待同大庆等有良好信誉的中国油田开展建设性的合作，以提高哈萨克斯坦石油采收能力。

3.4　启示与建议

　　由于对能源需求的目标不一样，各国开发页岩气的决心也不同。美国在推动页岩气产业发展的同时，非常重视页岩气开发环境对人们生活和健康的影响，但是有些州还是对页岩气开发持谨慎态度；欧洲除英国以外的其他国家，对页岩气开发主要抱谨慎态度，英国政府在当地民众抗议中，对开发页岩气开发抱有极大期待；中国在开展全国页岩气储量调研的同时，对涪陵等已经确定有页岩气资源的区域开展开采活动，并制订了 5 年行动计划，表明对页岩气开发非常有信心。

| 第 4 章 | 页岩气开发的环境影响

美国页岩气规模化开发不仅解决了能源供应，带来可观的经济效益，还给环境带来了极大的威胁，因为页岩气工业需要充分考虑开发页岩气对地貌、土壤、动植物群、地下水、地表水、大气和人类健康带来的影响，以消除人们的顾虑，此外公路和钻井造成的地貌破碎化也是需要考虑的问题。目前在页岩气开采和加工中，存在环境污染数据收集缓慢和大量的不确定性，极大限制了监管部门针对最受关注的水力压裂对环境影响领域的监管能力，也限制政府以具有成本效益方式的调节能力。基于此，本节对页岩气开发可能带来的环境影响因素及最新的研究进展进行分析，分析环境监管所面临的挑战，并概括发达国家提出的环境影响和监管建议。

4.1　页岩气开发的环境风险

水力压裂是美国实现页岩气革命的一项重要技术，其引发的环境威胁一直备受全球重视。同时，水力压裂是目前全球页岩气开采所广泛使用的核心技术，它将压裂液等化学物质和大量水、泥沙的混合物，用高压注入地下井，压裂附近油层的岩石构造并形成流体通道，进而收集天然气；但是该技术除了要消耗大量水，其引发的环境问题也一直备受争论，此外页岩气在运输、加工等环节也会带来环境风险，主要体现在：开发过程直接污染地下水；由于管道的不密封性、压裂液等容易对环境造成污染；对水资源消耗过大；存储与运输过程中甲烷的泄漏将加剧温室效应；开发过程将可能诱发地震；占用土地、产生噪声等将影响居民的日常生活。

4.1.1　地下水污染

为了满足日益增长的能源需求，水力压裂技术迅速得到应用。页岩气水力压裂的过程需要大量的水、支撑剂及各种化学试剂，超过 600 种化学试剂应用在各种不同的压裂液中，这些压裂液由表面活性剂、润滑剂、阻垢剂、防腐剂、交联凝胶剂、酸液，以及生物抑制剂组成，这使得水力压裂液的化学性质有利于胶体和矿物颗粒在岩石裂缝中的传输，也便于非饱和土壤中原位胶体和相关污染物的传输，与此同时，水力压裂引起的微震会使页岩层变形，破坏原有的地层结构，最终压裂液渗入地下，影响地下水水质，而通常含有页岩气的岩石层接近地下水层，压裂液会通过裂隙或断层直接污染地下含水层。

页岩气的开发活动还会产生大量返排废水，这些废水中包含了高浓度的盐分、重金属，以及自然分布的放射性物质，如放射性元素镭（Ra-226）。如果不能很好地处理这些废水，同样会对地下水，甚至周围环境造成严重破坏。

早在 2010 年，美国国会就督促 EPA 对水力压裂与饮用水之间的关系进行研究，力图评估石油和天然气开采所用到的水力压裂技术对饮用水资源的影响并找到可能导致潜在危害的主要因素[1]。2013～2016 年，美国杜克大学、匹斯堡大学等多个研究机构也开展了相关研究，认为：钻探作业、压裂液等试剂注入可对地下水造成毒理威胁。杜克大学的研究人员还分析了 2011～2016 年美国超过 1.2 万口页岩气油井和气井的用水和废水数据，发现美国主要页岩气和页岩油产区的水力压裂单口井用水量增长 7.7 倍，得克萨斯州一些页岩油气区的废水量甚至增长 14.4 倍[2]。

2015 年 5 月，宾夕法尼亚大学等机构研究证实美国马塞勒斯页岩气开采活动污染地下饮用水[3]。该研究利用最新的全二维气象色谱——飞行时间质谱分析技术（GCXGC-TOFMS），对马塞勒斯地区 30 个页岩气井的水力压裂返排液和气井附近的 3 个居民饮用水井的样品成分进行鉴定，结果表明在水力压裂返排液中检测出了未分解的复杂有机化合物成分，在居民饮用水样品中也检测出与返排液相似的复合物成分，其中一种复合物为 2-N-乙氧基乙醇（2-BE），从而证实马塞勒斯地区页岩气开采活动是造成气井附近居民饮用水体泡沫化和有机物污染的重要原因，该研究还指出：附近气井中泄漏的天然气和水力压裂复合物从地下浅层处慢慢横向扩散渗透 1～3km 至地下中间层，通过地层断裂处扩散至地下蓄水层，

① Kretsinger G V, Kaback D S, Briskin J, et al. News & views. Groundwater, 2015, 53 (1): 19-28.

② Kondash A J, Lauer N E, Vengosh A. The intensification of the water footprint of hydraulic fracturing. Science Advances, 2018, 4 (8): eaar5982.

③ Llewellyn G T, Dorman F, Westland J L, et al. Evaluating a groundwater supply contamination incident attributed to Marcellus Shale gas development. Proceedings of the National Academy of Sciences, 2015, 112 (20): 6325-6330.

造成对地下饮用水源的污染。

2015 年 8 月，得克萨斯大学阿灵顿分校、北得克萨斯大学等对得克萨斯州巴勒特（Barnett）页岩地层地下蓄水层的私人和公共供水井的 550 份地下水样本开展分析，发现水中含有多种挥发性有机碳化合物，包括各种醇类化合物、苯系物（BTEX）化合物和一些氯化化合物，证实多种挥发性有机碳化合物的产生与非常规油气开采（UOG）技术有关[①]。

综上所述，页岩气开发中有如下几种因素可能导致对地下水的污染：①逸出气体对浅层含水层的污染；②溢出、泄漏及排污对地表水和浅层地下水的污染；③因泄露和废物处理导致有毒和放射性元素在附近的土壤和水系沉积积累；④水压致裂法使用的大量水资源可能导致水资源短缺和与其他用户的用水冲突。其中，由水压致裂液和深地层水通过水力压裂法对浅层地下水造成直接污染的论断仍存在异议。

同时，页岩气开发的地下水污染可能还受以下重要因素的影响：①地下水的水质和深度；②当地的空气质量；③与人口中心的临近程度；④与物种和栖息地的临近程度；⑤所需处理的压裂液等流体的量；⑥与活动断层的临近程度。该报告取得的主要结论如下：随着页岩气开采在全球的发展，建议通过提高对页岩气开发活动的管理和监督来避免对地下水的污染，同时向公众公布相关的数据和结果并解释，以免发生更多与环境和环保相关的事件发生。

4.1.2 空气污染物增多

随着页岩气开发的规模化发展，带来越来越多的空气污染物排放，对周边居住环境和人们健康带来极大风险。2015 年 3 月，美国学者 Brown 等[②]对页岩气生产区空气中的有机挥发分物质和细颗粒物的富集进行研究，经过 14 个月从白天到晚上的不同 6 个小时对美国华盛顿县页岩开发区有机挥发分物质和细颗粒物的测量，发现打井过程空气中有机挥发分物质和细颗粒物含量峰值共发生 83 次，相比于水力压裂阶段产生的污染物，钻井、点火、完井和页岩气生产阶段污染物

---

① Zacariah L, Hildenbrand, Doug D, et al. A comprehensive analysis of groundwater quality in the barnett shale region. Environmental Science & Technology, 2015, 49 (13): 8254-8262.

② Brown D R, Lewis C, Weinberger B I. Human exposure to unconventional natural gas development: A public health demonstration of periodic high exposure to chemical mixtures in ambient air. Journal of Environmental Science and Health, Part A, 2015, 50 (5): 460-472.

的强度更高；在 1 年内，页岩气压缩站有机挥发分物质和细颗粒物产生了 118 次峰值，而天然气加工工厂产生了 99 次峰值，建议在页岩气开发过程中及时加强对环境空气质量的监控，以便人们能够及时加强防范。

同在 2015 年，美国宾夕法尼亚州环境保护部发布 2013 年页岩气行业空气排放数据①，数据显示 2012 ~ 2013 年页岩气行业排放量上升的五个主要污染物分别为：二氧化氮、颗粒物、二氧化硫、挥发性有机化合物（VOCs）、二氧化碳；2013 年有 10277 口井和 433 种设施（包括管道和压缩站），比 2012 年增加 18%，随着页岩气井、压缩站数量增多，污染也更严重；在含氮氧化物、颗粒物、二氧化硫等空气中，容易引发呼吸道疾病等。

页岩气开发过程中，不仅会增加空气中的有机挥发物、细颗粒的含量，还会对臭氧层产生影响。例如，美国得克萨斯州的东北部地区把臭氧浓度监测纳入空气质量规划中。2015 年，得克萨斯大学的 Pacsi 等②对页岩开发对区域臭氧的影响开展研究，因为臭氧是由氮氧化物及挥发性有机化合物进行反应形成，而在天然气生产过程中会产生这些氮氧化物及挥发性有机化合物，会对区域的臭氧浓度产生一定程度的影响，这也对人体健康产生严重影响，该研究发现，不同地区对臭氧浓度的影响是不同的，即使是在相同的生产区域不同的空间对臭氧浓度也会产生不同的影响，建议在新油气开发活动过程中，开展局部建模，对油气开发中局部空气质量的影响开展研究。

4.1.3 温室气体排放增多，温室效应增强

甲烷是页岩气的主要成分，在页岩气开采、加工、运输过程中各个环节都可能带来甲烷逸散或泄漏，由于甲烷的温室效应是二氧化碳的 28 倍，这就使得页岩气生产中甲烷的泄漏可能带来温室效应的加剧和对环境的不利影响③。

2014 年 10 月，来自美国、澳大利亚、奥地利、德国和意大利的联合研究人

---

① 8 facts about the shale gas industry's air pollution. http：//stateimpact. npr. org/pennsylvania/2015/05/04/8-facts-about-the-shale-gas-industrys-air-pollution/. 2015-05-04.

② Pacsi A P, Kimura Y, McGaughey G, et al. Regional ozone impacts of increased natural gas use in the Texas power sector and development in the Eagle Ford shale. Environmental Science & Technology, 2015, 49 (6)：3966-3973.

③ Potential Greenhouse Gas Emissions Associated with Shale Gas Extraction and Usehttps：//www. gov. uk/government/uploads/system/uploads/attachment_ data/file/. 2013-09.

员对从现在到 2050 年全球大规模开采天然气对温室气体排放的影响进行研究[1]，认为世界各国大面积采用水压裂技术开采页岩气将无助于治理全球变暖问题。

2013 年 9 月，英国能源与气候变化部发布《与页岩气开采和利用有关的潜在温室气体排放》报告，调查英国与页岩气勘探和生产有关的温室气体（二氧化碳、甲烷）排放，报告指出：页岩气开采和利用的碳足迹（排放强度）可能范围在 200 ~ 253gCO$_2$e/kWh 化学能，页岩气总的碳足迹与常规天然气（199 ~ 207 gCO$_2$e/kWh$_{(th)}$）相当，比液化天然气（233 ~ 270 gCO$_2$e/kWh$_{(th)}$）要低。如果页岩气用于发电，其碳足迹的范围可能在 423 ~ 535 gCO$_2$e/kWh$_{(e)}$，这明显低于煤炭的碳足迹（837 ~ 1130 gCO$_2$e/kWh$_{(e)}$），如图 4.1 所示。

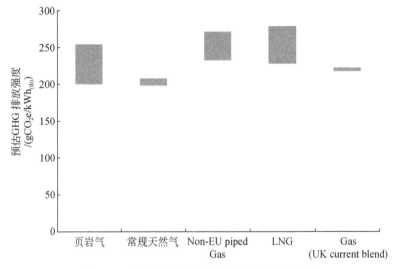

图 4.1　不同天然气来源的温室气体排放强度

为了掌握美国页岩气开发所产生的甲烷排放量，科学界开展了大量研究[2]。2015 年年初，得克萨斯大学奥斯汀分校的 Zavala-Araizo 等从数量评价、能量评价和经济价值评价三个方面，采用细胞周期分配方法（cell cycle allocation, CCA）对页岩气和凝析油开采中 489 个日常运行的气井和 19 个完井的甲烷逸散现象进行研究[3]，指出美国排放的约 85% 甲烷来自于天然气井，但这一数据在不同区域

① 潘潇，朱建东. 页岩气开发的利与弊. 资源环境与工程，2014，(2)：230-230.

② Yacovitch T I, Herndon S C, Petron G, et al. Mobile laboratory observations of methane emissions in the Barnett Shale region. Environmental Science & Technology, 2015, 49 (13): 7889-7895.

③ Zavala-Araiza D, Allen D T, Harrison M, et al. Allocating methane emissions to natural gas and oil production from shale formations. ACS Sustainable Chemistry & Engineering, 2015, 3 (3): 492-498.

有所不同，还需要通过气井的构成类型和开采区域来评估甲烷具体排放情况，建议应对天然气供应链各个环节的甲烷排放情况进行评估。

2015 年 3 月，美国 Peischl 等通过计算排放率对海恩斯维尔地区、费耶特维尔地区和宾夕法尼亚东北部的马塞勒斯地区页岩气生产的甲烷排放进行量化研究[①]，发现：一天中，海恩斯维尔区的甲烷排放量是 $(8\pm2.7) \times 10^7 g/h$，费耶特维尔地区是 $(3.9\pm1.8) \times 10^7 g/h$，宾夕法尼亚东北部的马塞勒斯页岩区是 $(1.5\pm0.6) \times 10^7 g/h$；通过比较甲烷排放与每个区域中开发的天然气的总体积，还计算出甲烷损失率，海恩斯维尔是为 1% ~ 2.1%，费耶特维尔地区为 1% ~ 2.8%，宾夕法尼亚东北部的马塞勒斯地区是 0.18% ~ 0.41%，其平均生产损失率为 1.1%，该研究指出要研究其他地区的甲烷排放量，还需研究页岩气开发整个生命周期的具体情况。

早在 2015 年 1 月，白宫就宣布：到 2025 年，将削减石油天然气运营甲烷排放量的 40% ~ 45%，以作为应对气候变化的政府行动。2015 年 5 月 4 日，美国宾夕法尼亚州环境保护部发布该州 2013 年页岩气行业空气排放数据，其中指出甲烷从 2012 年的 123884t 下降到 2013 年的 107945t，下降了 13%，主要原因是 2012 年 EPA 发布降低石油天然气部门空气污染标准及监管力度加大起了重要作用。根据 2013 年宾夕法尼亚州页岩气行业空气排放数据显示，Cabot 石油天然气公司（Cabot Oil & Gas）在 2012 年排放甲烷超过 29000t，是排名第二位的公司排放量的 2 倍，但 2013 年，其排放量下降 85% 至 4447t，降幅显著，该公司认为主要原因是在井口附近焊接和埋藏管道。

2015 年 6 月 16 日，EPA 对 RRC（Range Resources Corporation）公司罚款 890 万美元以惩罚该公司没有及时对位于莱康明县的一处气井进行修理[②]。该气井自 2011 年起出现甲烷泄漏并污染了居民的私人饮用水井、河流和池塘，且泄漏和污染情况持续至今。此次民事处罚是宾夕法尼亚地区因页岩气开采导致环境污染开出的最大罚单，数额达到了之前最大罚单 415 万美元的两倍之多。相同的是，之前的最大罚单也是对 RRC 公司开的，原因是该公司位于华盛顿县的 6 个废水

---

① Peischl J, Ryerson T B, Aikin K C, et al. Quantifying atmospheric methane emissions from the Haynesville, Fayetteville, and northeastern Marcellus shale gas production regions. Journal of Geophysical Research: Atmospheres, 2015, 120 (5): 2119-2139.

② DEP fines Range Resources $8.9 million for Marcellus shale gas well https: //www. post-gazette. com/ business/powersource/2015/06/16/DEP- fines- Range- Resources- 8- 9- million- for- Marcellus- shale- gas- well- pennsylvania/stories/201506160173. 2015-06-17.

储蓄池去年发生了泄漏，对环境造成了破坏。

2015 年 8 月 18 日，EPA 公布了一系列指南，旨在抑制石油和天然气产业链中甲烷和挥发性有机化合物的排放，以配合政府提出的控制气候变化的政策，在未来十年甲烷排放量达到与 2012 年相比减少 40%～45%，这表明在美国，政府、工业界和环保界已在甲烷排放上达成共识。

4.1.4 噪声和地震影响

页岩气开采可能造成噪声、诱发地震等潜在危害。2011 年，Cuadrilla 资源公司因在英格兰西北的海边城市布莱克浦开发页岩气井，导致了里氏 2.3 级和 1.5 级的地震的发生，并被迫停止了钻探和压裂作业，气井生产也被英国政府禁令停止。

2014 年 8 月 28 日，美国加州科学技术理事会（California Council on Science and Technology，CCST）受美国内政部联邦土地管理局（Federal Bureau of Land Management，BLM）委托，发布以水力压裂为主的陆上油井增产技术（well stimulation technologies）的独立评估报告，该报告认为水力压裂很少涉及因大量流体的高速注入而诱发地震的问题，但如果采出地层水通过回注进行处理，而同时又不经过水处理系统和再利用系统的处理，那么将增加地震风险，目前发现在深注水井中对采出地层水进行处置已经在美国好几个州引发了有感地震。

2015 年 1 月，Norris 等[1]对压裂中产生的微震活动开展逾渗模拟研究，认为水力压裂注入模式引起的地层变化和微震活动具有相似性。11 月，南得克萨斯州大学的 Robert Bodziak 等[2]研究提出页岩储层的地震属性对于了解页岩储层的液压破裂限制及储层生产力的作用具有重要作用。

4.1.5 影响生物多样性

在页岩气开发过程中，发生的有毒化学物质污染、井场和管道建设，会导致当地生态变化，降低区域范围的生物多样性，破坏生态环境。2013 年 5 月，美国

---

① Norris J Q, Turcotte D L, Rundle J B. Anisotropy in fracking: A percolation model for observed microseismicity. Pure and Applied Geophysics, 2015, 172（1）: 7-21.

② Bodziak R, Clemons K, Stephens A, et al. The role of seismic attributes in understanding the hydraulically fracturable limits and reservoir performance in shale reservoirs: An example from the Eagle Ford Shale, south Texas. AAPG Bulletin, 2014, 98（11）: 2217-2235.

科学院发布了全球首次评估，认为水力压裂技术存在对生物、生态的广泛影响，其中严重的将导致土壤和地表水盐渍化，以及森林的破损、放射性有毒合成化学物质的污染、地貌景观的破坏等。

2014 年 7 月，美国俄亥俄州立大学土木、环境和大地工程系与美国能源部国际能源科技实验室等再次开展类似研究，对宾夕法尼亚州水力压裂马塞卢斯页岩气井水样本中微生物群落进行长达 328 天的跟踪研究，发现生物丰富性和多样性在压裂后降低，并且生物多样性在 49 天达到最低。31 个表现出不同特征的分类群随着碳和电子受体的注入而衰弱。回流和采出液中的大部分（>90%）群落与耐盐细菌有关，包括弧菌、海杆菌、盐单胞菌等，并伴随着发酵、碳氢化合物氧化、硫循环代谢。

2015 年 8 月，中阿肯色大学 Johnson 等[①]在 2010 年春和 2011 年对 10 个河流区域的气井（每平方千米 0.2~3.6 个井）进行天然气活动和大型动物群落调研，认为不同规模和级别的页岩气活动，对群落动物的影响和改变不同，越靠近井场，蜉蝣、纹石蛾、摇蚊等生物更为密集。

总而言之，若要充分掌握页岩气开发与周围生物圈的关系、特点和规律，不仅要开展全面而深入系统的长期观察与研究，还要进行生物学、毒理学、环境科学等多学科联合研究。

4.1.6　水资源压力增加

全球页岩油气分布不均匀，大多数资源位于淡水资源贫乏的地区。随着页岩气开发高度密集型水力压裂和水平钻井技术的应用，美国、加拿大、中国等国家页岩油气行业迅速发展，同时也带来水资源紧张的局面。有资料显示，单个井的钻孔和压裂作业通常需要约 1.9 万 m^3 的水，且其中 1.8 万 m^3 左右的水都集中在压裂阶段，根据杜克大学 2018 年的一项研究发现，主要页岩油气盆地每口井的用水量增加了 700%[②]。根据国际能源署的估计：到 2035 年，世界能源消费将增加 35%，从而导致耗水量增加 85%。世界各国尤其是发展中国家，如果不能预

---

① Johnson E, Austin B J, Inlander E, et al. Stream macroinvertebrate communities across a gradient of natural gas development in the Fayetteville Shale. Science of the Total Environment, 2015, 530: 323-332.

② Water needed for hydraulic fracking has more than doubled. https://www.axios.com/hydraulic-fracking-water-use-permian-basin-b62ab436-2eda-4118-b54f-69a07dc784c3.html. 2019-01-23.

见到能源投资项目的水资源制约，势必增加项目的风险和成本。目前，在美国加利福尼亚州进行水力压裂作业的用水量仅占全州用水量的一小部分，这可能影响到局部供水，特别是在干旱期。据估计，加利福尼亚州进行油气增产每年的用水量最大为 140 万 m^3，最少为 56 万 m^3。2019 年 1 月 24 日，咨询公司 Rystad Energy 在一份报告中表示：近年来水力压裂作业所需的水量增加了一倍多，预计到 2021 年将达到 60 亿桶。

2014 年 9 月 2 日，世界资源研究所（WRI）发布的 *Global Shale Gas Development：Water Availability & Business Risks*（《全球页岩气开发：水的可用性和商业风险》）的报告①，认为全球 40% 的国家页岩油气资源开发面临水资源限制。具体表现在：全球 38% 的页岩油气区都处于干旱或高-极高水资源压力下，19% 的地区处于高或极高的水资源季节变化区，15% 的人生活在高或极高水资源压力下的干旱严重地区。拥有最大页岩气资源的前 20 个国家中，有 8 个国家的页岩气区面临干旱或高-极高水压力基线，包括中国、阿尔及利亚、墨西哥、南非、利比亚、巴基斯坦、埃及、印度；在拥有最大致密油资源的前 20 个国家中，页岩气区面临干旱或高-极高水压力基线的 8 个国家分别是：中国、利比亚、墨西哥、巴基斯坦、阿尔及利亚、埃及、印度和蒙古国，具体见表 4.1。

表 4.1　全球前 20 个（技术可开采）页岩气及致密油资源国家面临的水资源压力

排名	国家	页岩气区面临的水资源压力	排名	国家	致密油区面临的水资源压力
1	中国	高	1	俄罗斯	低
2	阿根廷	低-中	2	美国	中-高
3	阿尔及利亚	干旱和水资源利用低	3	中国	高
4	加拿大	低-中	4	阿根廷	低-中
5	美国	中-高	5	利比亚	干旱和水资源利用低
6	墨西哥	高	6	澳大利亚	低
7	澳大利亚	低	7	委内瑞拉	低
8	南非	高	8	墨西哥	高
9	俄罗斯	低	9	巴基斯坦	极高

---

① Global Shale Gas Development：Water Availability & Business Risks. http：//www. wri. org/publication/global-shale-gas-development-water-availability-business-risks. 2014-09-02.

续表

排名	国家	页岩气区面临的 水资源压力	排名	国家	致密油区面临的 水资源压力
10	巴西	低	10	加拿大	低-中
11	委内瑞拉	低	11	印度尼西亚	低
12	波兰	低-中	12	哥伦比亚	中-高
13	法国	低-中	13	阿尔及利亚	干旱和水资源利用低
14	乌克兰	低-中	14	巴西	低
15	利比亚	干旱和水资源利用低	15	土耳其	中-高
16	巴基斯坦	极高	16	埃及	干旱和水资源利用低
17	埃及	干旱和水资源利用低	17	印度	高
18	印度	高	18	巴拉圭	中-高
19	巴拉圭	中-高	19	蒙古国	极高
20	哥伦比亚	低	20	波兰	低-中

WRI 通过对全球前 20 个国家调研，还发现：①全球 38% 的页岩油气资源区面临高-极高水资源压力或干旱条件；②3.86 亿人生活在页岩油气区，增加了水力压裂与公众对水资源的竞争；③中国 61% 页岩油气资源区面临高水资源压力或干旱条件；④阿根廷 72% 页岩资源区面临中低水资源压力；⑤英国 34% 页岩油气资源区面临高水资源压力或干旱条件。

综上所述，水平井可能让页岩气开发进退两难，为了减少页岩气开发的环境影响，加强对地下水和地表水的保护，应采用更多的节水技术和方法①。

4.1.7　其他方面

水力压裂是页岩气开发最关键的技术之一，为了更清楚地揭示水力压裂带来的环境风险，研究人员还从地理、空间、人口、城市建设、交通、运输、河流、湿地等变化，以及有毒有害微量元素的排放等方面来研究页岩气开发带来的环境

---

① Vandecasteele I, Rivero I M, Sala S, et al. Impact of shale gas development on water resources: A case study in northern Poland. Environmental Management, 2015, 55 (6): 1285-1299.

影响。2015 年 3 月，密西西比州立大学的 Meng[1] 通过基于距离的时空研究，认为水力压裂的强度对人类将带来极大风险，建议加强对地方和区域水力压裂活动的监管。

2015 年 11 月，曼彻斯特大学的 Stamford 和 Azapagic[2] 以化石燃料（天然气、煤）和低碳能源（核能、海上风能和太阳能光伏）发电为例，分析了英国页岩气在整个发电周期内对于环境的影响，通过评估认为页岩气发电产生的碳排放相当于或优于常规天然气和非生物能源资源，但由于页岩气开发利用中使用了光化学氧化剂，使其比其他能源具有更强的地面毒性，在空气酸化方面，页岩气好于煤炭发电，但对臭氧层影响方面，核能和风能优于页岩气的利用，因此建议政府应加强监管，包括监测页岩气的成分、井的恢复状态、加强对钻井废弃物的处置，减少无组织的排放管理等。

页岩气的开发活动产生了大量的返排废水，这些废水中包含了高浓度的盐分、重金属，以及自然分布的放射性物质，如放射性元素镭（Ra-226）。2015 年 7 月，匹兹堡大学 Zhang 等[3]经过 2 年半的时间，研究了页岩气开发的返排液中镭的迁移及对健康的风险，认为重晶石是镭的主要载体，返排液的重新利用会增加镭浓度，镭浓度为 2~37mrem/a，低于美国核管理委员会规定的一般公众承受限值 100mrem/a，页岩返排废液中放射性元素镭对作业人员身体健康的影响微乎其微，但不同区域将有所差异，需要具体分析。

汞是一种世界公认的有毒有害物质，一般以元素汞的形式进入空气，在空气中可停留长达 1 年时间，能远距离迁移。2015 年 7 月 28 日，休斯敦大学研究人员通过静态法和移动实验室测量两种方法，来研究页岩油气加工过程中汞排放的影响[4]，认为油气开发中压缩机和冷凝机会排放较多的气态汞，其他大部分设备并非汞的排放源，空气中汞含量的峰值通常出现在近午夜时间，然后单调递减至午后，汞排放量最大可分别达到 963ppqv（$1ppq = 1 \times 10^{-15}$）和 392ppqv。

① Meng Q. Spatial analysis of environment and population at risk of natural gas fracking in the state of Pennsylvania, USA. Science of the Total Environment, 2015, 515: 198-206.

② Stamford L, Azapagic A. Life cycle environmental impacts of UK shale gas. Applied Energy, 2014, 134: 506-518.

③ Zhang T, Hammack R W, Vidic R D. Fate of radium in Marcellus Shale flowback water impoundments and assessment of associated health risks. Environmental Science & Technology, 2015, 49 (15): 9347-9354.

④ Lan X, Talbot R, Laine P, et al. Atmospheric mercury in the Barnett Shale area, Texas: Implications for emissions from oil and gas processing. Environmental Science & Technology, 2015, 49 (17): 10692-10700.

4.2 页岩气开发环境管理

4.2.1 法国

为了解决页岩气开发所带来的环境风险，推进页岩气行业的安全发展，各国都开展了大量的科学调查，纷纷提出相关的对策建议。2013 年 11 月 15 日，法国科学院发布《关于页岩气开发的建议》①，就页岩气开发可能带来的风险进行评估，并提出九大建议。

（1）大型科研机构与大学实验室就涉及页岩气勘探与开采的所有科学问题进行研究。

（2）利用地质学、地球物理与地球化学知识准备勘探工作，联合地质学家评估页岩气储量。

（3）开展研究与实验以评估并减少页岩气开采带来的不良环境影响。

（4）设立独立的管控机构以跟踪并评估页岩气开采方法与行动。

（5）合理解决开采过程中水资源消耗过大问题。

（6）在开采前、开采期间与开采后进行环境监控。

（7）研究改善与替代水力压裂法的方法。

（8）研究如何在长期钻探过程中保障密封性并制订相应监管规范。

（9）对可开采页岩气的规模进行全面测试以更好地评估资源并提高产量，如不可在废弃煤田中采用水力压裂法等。

4.2.2 美国

美国页岩气开发尽管处于全球领先地位，但公众压力越来越大。2012 年以来，极大缓解美国能源压力的页岩气开发被誉为"可席卷全球的能源革命"，页岩气在提高美国石油、天然气产量的同时，还提高经济效益、解决就业问题。但是，在美国的一些州，受水力压裂的影响，发生了牲畜患病、地下水污染等问

① Éléments pour éclairer le débat sur les gaz de schiste. http：//www. academie-sciences. fr/activite/rapport/avis151113. pdf. 2013-11.

题，使得来自公众反对的压力越来越大。2013 年 8 月，美国材料试验协会决定制订页岩油和天然气的水力压裂相关数据和报告的实践规范，重点支持化学物质信息、水源、健康和环境风险、油井完整性等数据信息的报告、开放与管理，以保障公众和环境的健康安全，加强公众对开采过程的认识和信心。

2015 年 8 月 18 日，EPA 公布一系列指南，旨在抑制包含页岩气在内的石油和天然气产业链中甲烷和挥发性有机化合物的排放，以配合奥巴马政府提出的控制气候变化的政策，达到在未来十年甲烷排放量与 2012 年相比减少 40% ～ 45%[①]。EPA 新指南适用于水力压裂油井、相关新设备、压缩机改造设备、输电设施及相关加工厂，同时还适用于气动泵（气动泵被认为是宾夕法尼亚州的第二大甲烷排放源），以及气动泵周边的管制设备、页岩气井场及压缩机。

对产生污染的企业处以重罚也是美国管理页岩气开发的重要手段。2015 年 6 月，RRC 公司由于没有及时修理莱康明县的一处甲烷泄露气井而污染居民的饮用水井、河流和池塘，被 EPA 罚款 890 万美元[②]。

4.2.3 欧盟

欧盟委员会对页岩气开采持非常谨慎的态度。2014 年 1 月，欧盟委员会通过页岩气开采环境和气候保护措施原则建议[③]，要求所有成员国制定针对页岩气开采过程中最常采用的水力压裂技术适当的环境和气候保护措施，要求：在发放许可证之前要认真审查，对可能的累积影响进行评估；认真评估环境影响和风险；确保完井达到最佳实践标准；在开采开始前检查当地的水、空气、土壤质量，以监测任何的变化和处理新出现的风险；控制废气排放，包括温室气体排放（通过气体捕集）；让公众了解在个别井中使用的化学品；确保在整个项目中采用最佳实践，并在 6 个月内采用这些措施来处理健康和环境风险，要求从 2014 年 12 月起每年向委员会通报采取措施的情况，委员会将通过记分形式监督建议书的采纳

---

① EPA unveils tougher emissions rules for shale sites. http：//powersource. post- gazette. com/powersource/policy-powersource/2015/08/18/EPA- unveils- new- rules- formethane- VOC- emissions- for- oil- and- gas- source/stories/201508180150.

② DEP fines Range Resources $8.9 million for Marcellus shale gas well. http：//powersource. post- gazette. com/powersource/policy- powersource/2015/06/16/DEP- fines- Range- Resources- 8- 9- million- for- Marcellus- shale- gas- well- pennsylvania/stories/201506160173. 2015-06-17.

③ European Commission recommends minimum principles for shale gashttp：//europa. eu/rapid/press- release _ IP- 14- 55 _ en. htm. 2014-1.

情况并作比较，同时提高公众透明度。

4.2.4　德国

德国政府规定在一定条件下可使用水力压裂开采页岩气技术。2013 年 2 月
26 日，受工业界的压力，德国政府公布一项法律草案：在一定条件下允许利用
水力压裂开采页岩气，但禁止在保护区和饮用水附近进行水力压裂，并表示任何
项目都应开展环境影响研究，该草案适用于德国 14% 的领土。

2015 年 4 月 1 日，德国总理默克尔签署一项法律草案，禁止采用水力压裂法
进行页岩气商业开采。该法律草案规定，2019 年前，若采用水力压裂法进行页
岩气商业开采，则必须通过特别委员会钻井测试。2019 年之后，水力压裂将会
被禁止使用。同时，也禁止任何钻井低于 3000m 的领域采用水力压裂法。仅有深
井钻探或者致密气藏才可以使用水力压裂法。水力压裂法受严格的环境评审及法
律条例管束。任何供应饮用水的区域也将被禁止使用水力压裂法，包括水坝和水
库所在地。

4.2.5　南非

2015 年 6 月 3 日，南非政府宣布启动一项为期两年的页岩气开采战略环境评
估①。南非科技部部长潘多尔表示，此次建立在科学基础上的环境评估，将进一
步提高政府对页岩气开采机遇与风险认识，指导政府确定相关决策。

美国能源信息署评估数据显示，南非卡鲁地区拥有 390 万亿 ft^3（约合 11.04
万亿 m^3）在技术上可开采的页岩气储量。南非政府在卡鲁盆地划出了 35 个勘探
区块，目前多家能源公司已经取得勘探许可证或与政府签订技术合作合同。

不过，页岩气开发虽然带来可观的经济效益，但同时也导致了油气公司与当
地农场主和环保人士之间不时发生冲突，许多项目经常被迫中断，进展十分缓
慢。环保主义者和当地农场主们不断提出抗议，要求政府重新考虑卡鲁盆地的开
发计划。

因此南非矿产资源部强调：政府对页岩气开发在解决电力瓶颈、吸引投资、

---

① 页岩气开采争议多南非启动战略环境评估. http：//finance. sina. com. cn/money/future/futuresnyzx/
20150603/095222336218. shtml. 2015-06-03.

创造就业岗位方面的效益感到振奋，但同时也会认真研究评估相应的环境和生态风险。

4.3 启示与建议

虽然一些研究认为页岩气开发过程中可能对环境造成潜在风险或产生破坏作用，但目前对页岩气压裂过程中造成污染的数据还是不够充分，这些因素限制了监管部门针对最受关注的水力压裂对环境影响领域的监管能力，也限制了他们以具有成本效益方式进行调节的能力，因此综合上述分析建议如下。

（1）开展页岩气开发中各阶段环境影响的系统研究与评价，充分认识页岩气开发的环境危害，以促进相关法律法规的制定。对页岩气勘探、工程建设、压裂与抽采运行及关闭后等各阶段对地下资源、地面环境、生物生态、诱发地震、职业安全等影响的研究，评价这些环境影响的可发性与危害程度，为我国建立相关的法律法规提供科学依据。

（2）制定页岩气开发的环境监管措施，建立监管体系，并保持信息及时上报与公开透明。时时监控页岩气勘探、开采与开采后的当地的水、空气、土壤质量，以监测任何的变化和处理新出现的风险；控制废气排放，包括甲烷、CO_2 等温室气体排放（通过气体捕集）；及时发现并预测可能发生的危害，并采取应对措施；让公众了解在个别井中使用的化学品；确保整个项目的环境安全。

（3）研究改善与替代水力压裂的方法。为了避免水力压裂所带来的环境风险，许多国家已经开展利用 CO_2、丙烷、氮气、爆炸/推进剂等来开发页岩气技术的研究；因对环境综合影响最小，利用 CO_2 开发页岩气的技术被认为具有较好可行性，建议开展 CO_2 驱替页岩气技术及环境影响的研究，作为水力压裂技术的替代方案。

（4）鼓励对废水回收处理和再利用，以节约和循环利用资源。具体建议：①通过对非淡水资源的使用，以及对回收/再利用水技术、微咸水利用技术等的投资，企业可最大限度地减少淡水使用；②企业应通过嵌入水管理核心业务的策略来减少暴露风险，并确保其他用户、环境和其自身业务的长期水供应。例如，对页岩气返排废水取样并进行处理预备试验，利用沉淀和过滤方法去除返排废水中的固体悬浮物和铁元素后，再对废水进行消毒处理，处理后的水进行回收可再次用于压裂；或者还可以利用生物学方法去除废水中溶解的有机物，再对废水进行脱盐处理，使得处理后的水质达到了一定的标准，可以用于农作物灌溉或其他方面。

（5）增加环境风险管理的参与度，让当地监管机构、社区和行业参与以尽量减少不确定性。具体建议：①企业提高环境风险信息披露程度；②政府和企业参与当地和区域的工业、农业和社区水资源管理。

第5章 | 页岩气产业发展与前景

5.1 全球页岩气产业发展态势

美国掀起了席卷全球的页岩气革命，并从中摆脱能源利用和碳排放的危机，成为世界上迄今为止占主导地位的页岩气生产国。从美国的页岩气开采经验中可以看出，页岩气的开发不仅能保障国家能源利用安全，还有利于碳减排和地缘政治。目前，全球只有3个国家正在开展规模化的页岩气生产活动，分别是美国、加拿大和中国。虽然，水力压裂技术在澳大利亚和俄罗斯被用来生产天然气，但其所产天然气和致密油并不是来自低渗透率的页岩地层。2014年以来，除了美国、加拿大、中国等国家在努力增长页岩气的产量外，英国、澳大利亚等国家正在积极筹划开发本国的页岩气资源，并且取得了积极进展。

5.1.1 美国

美国是全球页岩气开发和出口的领导者，不仅页岩气开采技术成熟，且产量巨大。美国页岩气自2012年1月以来产量持续增长，其中马塞勒斯和尤蒂卡地区的页岩气产量占美国页岩气增长的85%（两地平均增加12.6Bcf/d，1Bcf = 0.283168亿m^3），是美国天然气产量增长的主要驱动，2015年两地的页岩气产量已经占到美国天然气产量的56%以上（EIA，2015）[①]。根据美国能源信息署的美国钻井生产报告（DPR），在2012年1月，马塞勒斯地区平均每口新井的天然气产量为3.2MMcf/d，总体生产量为6.3Bcf/d，到2015年7月，每口新井的天然气产量增加至8.3MMcf/d，总体生产量增加到16.5Bcf/d。

不仅在马塞勒斯地区，尤蒂卡地区也经历了钻机生产力和生产量的重大发

---

① Marcellus, Utica provide 85% of U. S. shale gas production growth since start of 2012. http://www.eia.gov/todayinenergy/detail.cfm? id = 22252. 2015-07-28.

展。2012 年 1 月，每口新井的天然气产量平均为 0.31MMcf/d，在 2015 年 7 月每口新井的天然气产量达到 6.9MMcf/d，该地区天然气总产量 2015 年 7 月比 2013 年 1 月高出近 18 倍。

美国页岩气产量增加的因素主要包括：使用先进的钻井技术；水力压裂作业中阶段数量的增加；新技术的增加使用，如拉链压裂（两个并行水平井每个阶段的同步压裂）；在钻井完成过程中使用特定的组分，提高地层的裂缝尺寸和孔隙度。

美国页岩气产量的增加，也促使美国对页岩气出口的解禁。2015 年年底，美国开始出口页岩气，令世界 LNG 市场发生巨大转变①②。据国际能源署预测，美国到 2019 年 LNG（页岩气）市场规模将比 2013 年扩大 40%，预计到 2020 年美国将成为世界第三大 LNG 出口国，仅次于卡塔尔和澳大利亚。但是，随着国际油气价格持续下降等经济影响，美国页岩气开发商在 2018 年为了降低页岩气开发成本而减少其产量。

随着国际燃油价格的下降，一些跨国公司逐渐减少了对美国页岩气的投资，但是日本等国家趁成本较低时开始布局并加大投资美国页岩气开发。2011 年，必和必拓开始大举进军美国的油气领域，先后从美国独立石油公司、页岩气生产商 Petrohawk 能源公司收购费耶特维尔、得克萨斯州和路易斯安那州等页岩资产，并计划每年对美国陆上页岩油气项目投入 40 亿美元；随着美国天然气价格的骤降，为了节省在美国的开采成本和保证收益，必和必拓在 2015 年年初决定关闭其在美国的 40% 的页岩油井。同时，壳牌为了应对国际油气价格的下跌，在 2014 年 8 月开始陆续出售怀俄明州、路易斯安那州的海恩斯维尔等天然气（或页岩气）资产，以便交换和获得宾夕法尼亚州的马塞勒斯和尤蒂卡页岩区、怀俄明州派恩代尔等优质资产。另一个国际油气巨头——道达尔集团在 2015 年第一季度表示暂停在美国的所有页岩气投资③，并到 2017 年裁减 2000 个工作岗位，2015 年将出售价值 55 亿美元的油气资产，道达尔公司这种做法的目的是为了削减公司成本，以便能够与 2014 年相比扭亏为盈。

随着美国页岩气产业的迅速发展及对页岩气出口的放开，美国低廉的页岩气

---

① 2015 年美国将启动页岩气出口. http：//news. cableabc. com/world/20150527018537. html. 2015-05-27.

② 美国的"页岩革命"与"能源牌". http：//fcg. upc. edu. cn/2017/0315/c5681a90424/page. htm. 2016-03-16.

③ 石油巨头道达尔暂停美国所有页岩气投资. http：//finance. ifeng. com/a/20150212/13500641_0. shtml. 2015-2-12.

吸引了更多国家相关行业的投资者来投资页岩气的开发或者以页岩气为原料的其他行业。2015 年，日本最大的天然气公司——东京天然气公司准备加大对美国页岩气生产的投资，以应对最早从 2017 年开始的美国 LNG 进口[①]。2015 年，东京天然气公司和美国生产商签署合同，从 2016 年开始每年将购买美国 LNG190 万 t，包括从美国 CovePoint 项目每年购买 140 万 tLNG，以及从三井公司在美国的 Cameron 项目每年进口 50 万 tLNG，以对进口美国 LNG 构成自然对冲，同时日本还将加大对美国天然气生产的投资，但是受国际油价下跌的影响，日本另一家公司——伊藤忠商事在 2015 年 6 月决定将退出美国的页岩气开发业务，将其拥有的 25% 美国 Samson Resources 股份出售[②]。2015 年 7 月，全球第二大化学公司——沙特基础工业公司通过合资企业的形式扩大了在美国页岩气项目的投资，并且与总部位于休斯敦的 EPP 产品公司签署页岩气的协议，同时沙特基础工业公司已经将位于英国的裂解装置改造为利用页岩气为原料生产烯烃及衍生物，既可以在美国使用页岩气或者出口至英国使用页岩气。

5.1.2　日本

日本是世界第一天然气进口大国而且进口价格居高不下，获得廉价的天然气是日本的夙愿，而北美页岩气革命导致的天然气价格下跌无疑让日本对北美产生了很大的期待，非常希望能够搭上页岩气革命的顺风车。同时日本在经历福岛事件后也需要对其电力结构进行调整，缓解用电紧张，这就使得日本不断加大对海外油气资源的进口量，尤其加大对北美和俄罗斯天然气的进口。

早在 2013 年，日本三菱公司、荷兰皇家壳牌公司及其他两家公司共同获得加拿大政府批准，可以向包括日本和其他亚洲国家出口为期 25 年的页岩气计划，从 2019 年开始。

日本竭力希望美国"开闸放气"，目的在于改变过于依赖进口中东油气的现状，实施多元化能源进口战略。2013 年 10 月，日本出光兴产株式会社（油气企业）收购加拿大 Petrogas Energy 部分股票，目的是为了利用 Petrogas Energy 公司

---

① Tokyo Gas Targets More US Shale Gas Investments. http：//www. rigzone. com/news/oil_ gas/a/138639/Tokyo_ Gas_ Targets_ More_ US_ Shale_ Gas_ Investments. 2015-5-18.

② 日本伊藤忠商事将退出美国页岩气开发业务 . http：//money. 163. com/15/0624/10/ASSAVSM5002524SO. html. 2015-06-24.

的物流网，从而实现将北美产页岩油气出口到日本的计划。2015 年 7 月，美国能源部批准同意最早从 2017 年开始向日本出口液化页岩气，且在 2017 年年初，日本首次进口了美国页岩气的 LNG①。在进口美国液化页岩气的同时，日本还积极做俄罗斯的工作，以期扩大从俄进口油气。2014 年日本经济产业省已经促成日本综合商社和俄远东地区的油气开发合作项目；2015 年，伊藤忠、丸红等 5 家日资企业联合与俄罗斯国有企业签署协议，合作开发俄远东地区的液化油气，进而实现从 2030 年起大量向日本出口。随着美国页岩气进入国际能源市场后，俄罗斯油气出口面临压力。在俄罗斯急于扩大出口情况下，日本成功完成与俄罗斯的合作，从而使日本增加一条能源进口的渠道。

2014 年 8 月，日本三菱东京 UFJ 银行等三大银行与国际协力银行向北美页岩气项目提供融资，规模达 100 亿美元以上。这些项目最早从 2017 年开始从北美向日本出口页岩气，包括三井住友、瑞穗在内的日本银行团首先针对卡梅伦项目联合提供融资 75 亿美元，贷款年限为 16 年。其中，国际协力银行承担 25 亿美元，三大银行等全球 29 家民间金融机构将分担剩余的 50 亿美元。日本贸易保险（NEXI）将为民间银行融资中的 20 亿美元提供保险，用于建设将页岩气进行液化的设施等。由日本银行提供融资的 3 个项目启动后，每年将有 1500 万 t 左右 LNG 进口到日本，这相当于日本 2013 年度 LNG 进口量的 20% 左右。北美出产的 LNG 价格有望削减 20% ~ 30%，还可能为日本电力公司削减成本及缩小贸易赤字作出贡献。截至 2015 年，日本企业在北美投资开展的页岩气项目共有 3 个，分别是三菱商事与三井物产出资的 "卡梅伦"（Cameron）项目、大阪瓦斯和中部电力出资的 "Freeport" 项目，以及住友商事等出资的 "CovePoint" 项目。这 3 个项目均从美国能源部获得了对日本出口许可。

福岛核事故以来，日本各大电力公司加大了用于火力发电的 LNG 进口量。2013 年，日本关西电力公司与在美国参与页岩气开发项目的住友商事基本达成协议，每年从美国进口约 80 万 t 页岩气制成的 LNG。同时，住友商事和东京燃气公司共同参加了美国马里兰州的 LNG 项目，住友商事已与美国多米尼奥公司签订了液化加工协议，每年液化约 230 万 t。其中每年向东京燃气公司出售约 140 万 t。2013 年 4 月，三井物产和墨西哥国家石油公司建立能源事业战略合作关系并签订协议书。墨西哥国家石油公司成立于 1938 年，是墨西哥政府将由美国、

---

① 日本首次进口源自美国页岩气的液化天然气. http：//www. chinanews. com/gj/2017/01-06/8116110. shtml. 2017-01-06.

英国等国控制的 17 家石油公司收归国有后建立的一体化国家控股公司，是墨西哥最大的石油和化工公司，也是全球第三大原油生产企业。三井物产目前参与了邻接墨西哥的美国得克萨斯州的页岩气开采项目，通过和墨西哥石油公司合作，未来也将进一步涉足石油开发领域。

2013 年 10 月，日本油气企业——出光兴产株式会社收购加拿大 Petrogas Energy 公司股票发行额的 1/3。Petrogas Energy 公司主要涉及北美油气的存储、运输业务，2012 年销售额为 2600 亿日元。出光兴产株式会社的出资额约为 420 亿日元，目的是为了利用 Petrogas Energy 公司的物流网，从而实现将北美产页岩油气出口到日本的计划。此次收购将通过出光兴产株式会社和加拿大天然气管道公司 Altagas 共同成立的公司（出光兴产和 Altagas 各出资 50%）实现。出光兴产和 Altagas 将合计收购 Petrogas Engergy 公司股票的 2/3，即总出资额约为 840 亿日元。出光兴产和 Altagas 计划联合对加拿大产页岩气进行加工，实现向日本出口 LPG 和 LNG 等。Altagas 公司已经拥有天然气管道，因此两家企业此次注资 Petrogas Energy 可以在原有管道基础上增加天然气的车辆运输能力。

此外，日本银行界还将融资 100 亿美元以上，用于建造旨在向日本运输液化天然气的运输船。页岩气进口对削减日本电费至关重要。巨额融资已有眉目推动页岩气进口日本。

5.1.3 英国

英国政府一直在排除万难推进页岩气的开发。2012 年 1 月，英国政策宣布取消对水力压裂法的禁止，并将页岩生产收入税减半。随后，支持其非常规天然气产业的国际油气公司——法国道达尔承诺投 3000 万英镑（5000 万美元）用于开发位于英国中部的林肯郡的页岩气资源，并且要与英国 Dart Energy、Egdon Resources、IGas、eCORP 等公司合作共用两项勘探许可证以开发英国的页岩气资源。道达尔公司是全球四大石油化工公司之一，总部设在法国巴黎，业务范围覆盖全球超过 110 个国家。

针对 IGas 公司、Dart 能源公司、Egdon 资源公司、Reach 勘探公司、Europa 油气公司和 Aurora 石油公司在内的页岩勘探公司在英国境内的勘探开发活动，2015 年 4 月，权威咨询机构——AMION Consulting 指出英国鲍兰盆地页岩气的开采和本土页岩气供应链的发展将为英国北部经济带来高达 300 亿英镑的创收①，同时另一家机构——Peel Gas & Oil 也出具一份名为 *Shale Gas- Creating a Supply Hub*（《聚焦页岩气供给》）的报告，该报告对于本土页岩气供应的美好愿景归因于鲍兰地区发展起来的 100 个页岩气井点。该报告指出，到 2048 年，页岩气产业链的建设将提供 13000 个就业岗位并带动 300 亿英镑的消费。该报告认为，建设一条繁荣的供给链服务于鲍兰页岩气产业是促进北部经济转型的驱动力。从固井服务、钢铁供应到水资源的管理和基础设施的建设都存在着巨大的利益空间，因此位于利物浦和曼彻斯特之间的区域将会成为英国乃至全球的"卓越中心"。

为了鼓励英国页岩气的开发，2015 年 9 月 2 日，英国政府发放了 27 个陆地石油和天然气开采许可证，允许在 270km² 国土面积上使用水力压裂技术②。英国能源部表示：建立一个更加灵活的经济方式、创造就业和提供能源安全供应的体系是一项长期发展计划，作为其中的一部分内容，将继续支持陆地石油和天然气产业及页岩气产业在英国的安全发展。

根据英国监管机构石油和天然气管理局的规划，27 个新的页岩气开发区块中每个区块的面积为 10km²，另外还有 132 个区块需经过详细的环境风险评估后才能批准开发。该监管机构表示，已收到来自 47 家企业的近 100 份申请。英国一流的油气勘探和开发企业如 IGas、法国燃气苏伊士集团（GDF Suez）都在获准开发许可的企业之列。

英国能源部表示：陆地石油和天然气产业对于国家经济发展发挥了重大作用，除此之外还为英国的家庭和企业提供了安全可靠的能源保障。英国页岩气领域的投资将高达 330 亿英镑，并且将创造 64000 个就业岗位。

但是，英国政府许可页岩气开采的举措引发了来自环境保护团体和居民的抗议，他们担心页岩气开采的水力压裂会造成地下饮用水的污染并导致地震。尽管遭到民众的反对，英国政府一直在极力推进国家的页岩气开采计划以减少对能源进口的依赖和增加税收。为应对不断上涨的能源价格和全国的高失业率，英国首相卡梅伦甚至发出了"为了页岩气不惜一切"的口号。

被证实与英格兰北部出现的一些小的地震有关之后，英国政府在 2011 年停

① Shale gas could transform Britain's economy. https：//www. theneweconomy. com/business/shale- gas- could- transform- britains- economy. 2015-10-08.

② Noble P. 2015. UK offers 27 shale gas exploration licenses to 'boost economy'. http：//www. rt. com/business/312756-uk-shale-fracking-licenses/. 2015-08-18.

止了页岩气的水力压裂活动。法国和德国等一些欧洲国家鉴于环境保护问题已经禁止了页岩气的开发活动。

近年来，英国页岩气行业发展势头良好，2018 年 11 月，英国勘探公司 IGas 宣布将在诺丁汉郡北部 Blyth 附近钻勘探井[①]。

5.1.4 中国

中国页岩气储量位列全球第一，具有丰富的开采潜力。在中国政府强有力的支持下，中国页岩气的开发正在稳健增长。2018 年 7 月 10 日，自然资源部公布了到 2017 年年底我国页岩气累计探明地质储量达 9168 亿 m^3，而截至 2018 年 4 月储量已突破万亿立方米[②]。2017 年勘查新增探明地质储量超过千亿立方米的页岩气田 2 个，为四川盆地涪陵页岩气田和威远页岩气田。初步建成的四个主要页岩气田，实现 91 亿 m^3 的产量，仅次于美国和加拿大。页岩气的产能达到 135 亿 m^3，累计产气量 225.80 亿 m^3。根据资源评价的结果，我国页岩气有利区的技术可采资源量为 21.8 万亿 m^3，因为技术的革新和投入，2017 年页岩气是传统能源中剩余技术可采储量增长最快的，增长了 62.0%（石油增长 1.2%，天然气增长 1.6%）。

2017 年我国页岩气迈入大规模工业开发阶段，页岩气产业发展也进入关键时期。主体技术上，我国创新形成综合地质评价、开发优化、平台水平井优快钻井、水平井分段体积压裂、复杂山地水平井组工厂化作业、高效清洁开采勘探开发六大主体技术。关键工具也逐步实现国产化，自主研发了地球物理（微地震监测、存储式测井系列工具）、工厂化钻井（步进式液压移动钻机）、体积压裂（速钻桥塞、大通径桥塞）、撬装化地面集输（气田脱水模块化集成装备）、钻井废弃物处理和压裂返排液处理回用（压裂返排液处理回用装置）等五大类装备和关键工具[③]。

---

① UK shale gas momentum builds as IGas spuds exploration well. https：//www. spglobal. com/platts/en/market- insights/latest- news/natural- gas/112718- uk- shale- gas- momentum- builds- as- igas- spuds- exploration-well. 2018-11-27.

② 自然资源部. 2018. 中国矿产资源报告 2018. http：//www. mnr. gov. cn/sj/sjfw/kc＿ 19263/zgkczybg/201811/t20181116＿ 2366032. html. 2018-10-22.

③ 中国石油：铺展页岩气发展新蓝图. http：//paper. people. com. cn/zgnyb/html/2018-12/10/content ＿ 1898347. htm. 2018-12-10.

2018 年 10 月，中国自然资源部指出我国非常规油气将进入加速发展阶段，在新技术取得重要突破、国家扶持政策到位的条件下，预计 2030 年产量将超过 1.3 亿 t 油当量，非常规油气资源将成为我国油气发展的重要战略接替[①]。2017 年，我国非常规油气产量约 4500 万 t 油当量，累计探明储量中非常规占 41%。2017 年，页岩气的开发处于快速推进阶段，初步建成四个主要页岩气田，实现 91 亿 m^3 的产量，仅次于美国和加拿大。预计 2030 年，我国天然气产量将达到 2500 亿 m^3，而其中有一半为非常规天然气[②]。

1. 中石化

2012 年，中国石化勘探南方分公司发现的第一口海相页岩气井——焦页 1HF 井，经过半年的试开发后，获日产 20.3 万 m^3 高产工业气流，不含硫化氢，取得海相页岩油气勘探重大突破，累计生产页岩气 1500 万 m^3，油压稳定在 20MPa 以上。焦页 1HF 井取得海相页岩气勘探的商业性发现，具有里程碑意义。首先，这是我国自主完成的海相页岩气水平井，标志着中国页岩气勘探成藏理论、评价技术有了实质性突破；其次，该井所在区域的海相页岩气层埋深小于 3500m，埋藏浅、面积大、气量足，这次在焦页 1HF 井的突破推动了南方海相页岩油气勘探的发展。

在焦页 1HF 井取得海相页岩气勘探商业性发现外，焦页 2HF、3HF、4HF 井三口水平井开发也被部署开展三维地震采集工作，旨在为焦页 2HF、3HF、4HF 井水平段准确定位和整体高效开发焦石坝地区页岩气获取准确资料。

2014 年 2 月 24 日，中石化超深海相页岩气井丁页 2HF 井 12 段压裂完美收官，这是我国首次采用电缆射孔泵送桥塞分段压裂联作工艺，独立完成的大型页岩气分段压裂施工。

技术专家认为，丁页 2HF 井应用一项新技术，即深井页岩气层电缆射孔分段压裂工艺，实现了三个首次，即首次在国内使用 7in（1in=2.54cm）套管完井压裂、首次在致密储层评价井进行多段压裂改造、首次采用双套管阀门泵柱加砂施工，创"施工泵压最高、单井压裂用液量最大、排量最大、时间最长"4 项新纪录。

该井打破了国外公司在高温高压深井页岩气层施工方面的垄断地位，填补了

---

① 中国非常规油气将进入加速发展阶段 . http：//news. cnpc. com. cn/system/2018/10/22/001708142. shtml. 2018-10-22.

② 非常规油气开发再"扬鞭". http：//paper. people. com. cn/zgnyb/html/2018- 11/12/content_ 1892499. htm. 2018-11-12.

国内深井页岩气层分段压裂施工的空白，突破了深井页岩气测试技术瓶颈，为页岩气井压裂施工提供了技术保障。

中石化还和国外公司合作开展页岩气开发工作。2014 年 6 月 12 日，美国页岩气服务公司 FTS International 与中石化集团签订为期 15 年的合资协议，在北京成立名为 Sino FTS 的合资公司，在中国进行非常规资源开发。这是首个由中国国有石油公司和外国成井公司建立的油井服务合资公司。中石化将持有该合资公司 55% 的股权，余下股权由 FTS 公司持有。FTS 公司将为中石化提供其在水力压裂方面的专长技术，利用其在美国生产的适合中国环境状况的新设备。合资公司首先将在四川盆地开展业务，压力泵抽设备将于 2015 年开始运作，随后有可能逐步向中国的其他盆地扩展。美国能源信息署此前预计称，中国的四川盆地和塔里木盆地拥有可开采页岩气资源 145 万亿 m^3。

由于中石化在关键完井工具研发、水平井钻井液、压裂液体系研发，以及压裂装备研制等方面取得进展，2018 年，中石化在我国最大页岩气田——涪陵页岩气田的产量超过 60 亿 m^3，同时该气田在 2018 年的天然气销售达到近 58 亿 m^3，在中国的生产和销售均位居首位。截至 2018 年年底，中石化页岩气田产量已超过 215 亿 m^3。

2. 中石油

中石油西南油气田公司在四川长宁-威远国家级页岩气示范区探索页岩气技术开发路径。截至 2014 年 1 月 10 日，西南油气田完钻 12 口井，其中 10 口气井获得页岩气，采气 1290 万 m^3，在页岩气开发技术方面获得突破。在钻获的 10 口气井中，宁 201-H1 测试日产量首屈一指，不仅气化了四川珙县上罗镇，而且 2012 年 7 月 17 日起每天外运约 5 万 m^3 页岩气。2014 年 1 月 10 日，西南油气田有 4 口井开采页岩气，单井日产量最低为 7000m^3 以上。

2012 年 12 月，长宁 H2 平台、H3 平台第一口井相继开钻，标志着西南油气田开始页岩气开发工厂化作业试验。按照设计，两个平台区开钻 14 口水平井。工厂化作业主要指在同一井场钻多口井，通过机械设备和后勤保障系统共用，钻井液和压裂液等物资循环利用，以及体积压裂等项目连续作业，实现降本增效。通过上述项目的开发，西南油气田在页岩气勘探开发技术方面取得众多突破，其中的页岩气整体评价技术体系、体积压裂技术体系意义重大。优选的威远页岩气有利目标区、长宁核心建产区块，为国家级页岩气示范区建设划定了"战场"，体积压裂技术体系为提高单井日产量、规模效益开发指明了方向。

2013 年 12 月 9 日，备受关注的国内首个央地合作页岩气开发公司——四川长宁天然气开发有限责任公司在成都正式挂牌成立。四川长宁天然气开发有限责任公司由中国石油天然气集团公司、四川省能源投资集团有限责任公司、宜宾市国有资产经营有限公司和北京国联能源产业投资基金四家公司联合组建，总注册资本金为 30 亿元、首期到账 10 亿元，四方的持股比例分别为 55%、30%、10% 和 5%。该公司将主要负责宜宾市长宁区块的页岩气开发。该区块位于长宁-威远国家级页岩气示范区内，涉及宜宾市长宁、珙县、筠连、兴文 4 个区（县），总面积为 4200km²。

中石油在页岩气领域通过自主攻关，已初步形成成套页岩气开采技术，建成了两个国家级页岩气开采示范区。在这两个示范区内，中石油应用其低渗透油气藏水平井增产改造技术和油气藏储层改造技术，在页岩气直井压裂和水平井分段压裂上获得巨大成功。此外，中石油在当时还计划投资 3.5 亿元，在长宁、昭通区块建成 15 亿 m³/a 的页岩气外输能力，威远区块的页岩气则接入常规气管道。

随着我国页岩气产业的发展，我国在页岩气开发中取得三大成果。

（1）形成页岩气勘探开发主体技术。创新形成了页岩气综合地质评价、开发优化、平台水平井优快钻井、水平井分段体积压裂、复杂山地水平井组工厂化作业、高效清洁开采勘探开发六大主体技术，多项成果达到国际领先水平，总体达到国际先进水平，取得良好应用效果，井均测试日产量由初期 10 万 m³ 提高到 24 万 m³，井均 EUR（最终可采储量）由 0.5 亿 m³ 提高到 1 亿 m³；钻井周期下降 50% 以上；建井成本由 1.2 亿元控制到 5000 万元左右，实现了埋深 3500m 以浅资源的规模有效开发。

（2）深层页岩气勘探开发获得重大突破。针对深层资源有效动用，部署了一批评价井，多口井获高产，测试日产气 10 万 m³ 以上井 8 口，井均测试日产量达到 23 万 m³，平均垂深 3900m，最深 4400m。2018 年完成的黄 202 井和足 202-H1 井，埋深均超过或接近 4000m，测试日产量分别达到 22 万 m³、45 万 m³，标志着我国深层页岩气勘探开发又取得了新突破。

（3）关键工具逐步实现国产化。我国自主研发了地球物理（微地震监测、存储式测井系列工具）、工厂化钻井（步进式液压移动钻机）、体积压裂（速钻桥塞、大通径桥塞）、橇装化地面集输（气田脱水模块化集成装备）、钻井废弃物处理和压裂返排液处理回用（压裂返排液处理回用装置）等五大类装备和关键工具，满足了生产实际需要，降低了成本，提高了效率，打破了国外垄断，获多项专利授权。

5.1.5 其他国家

1. 波兰

据 2011 年的储量分析，波兰有着欧洲最大规模的可采页岩气资源量。为了摆脱对俄罗斯天然气的依赖，波兰把希望寄托在这些页岩气的开采上。

2012 年，波兰天然气公司 PGNiG、波兰铜矿公司 KGHM、波兰公用事业公司 PGE、Tauron 和 Enea 等 5 家国有控股公司签署了一份协议投资 17 亿兹罗提（5.66 亿美元）来共同勘探和开采波兰境内的页岩气资源。

同时波兰也积极的吸引国外的大型油气公司投资。2014 年 3 月 31 日，波兰天然气巨头波兰国家石油天然气公司和雪佛龙公司宣布波兰西南部共同勘探页岩气，波兰此举是为了在与主要天然气供应国俄罗斯之间的紧张局势中加快页岩气的勘探，但波兰页岩气的勘探工作一直没有很大进展。尽管有波兰政府的大力扶持，波兰的页岩气勘探热潮依旧趋冷，在 2015 年，多家进驻波兰的油气公司纷纷撤出波兰市场，包括埃克森美孚、道达尔、马拉松石油公司和雪佛龙等。

2. 阿尔及利亚

2014 年 10 月，阿尔及利亚国家石油公司宣布将从 2022 起出产页岩气，根据目前执行的计划，到 2025 年阿尔及利亚页岩气的年产量将达到 100 亿 m³。

阿尔及利亚有 7 个盆地储藏大量的页岩气，储量可能处于世界前 5 位。2012 年，阿尔及利亚国家石油公司就开始在南部沙漠地区打下第一口页岩气试验井。该公司计划在 2019 年前投资 1020 亿美元用于增加其能源产量和储备，其中 60%将用于油气资源的勘探和生产。

阿尔及利亚议会在 2014 年 6 月投票同意政府开采利用页岩气的计划。

3. 埃及

壳牌公司和埃及阿帕奇公司在位于埃及西沙漠的 Apollonia 气田开始生产页岩气[①]。

两家公司在 2014 年年底与埃及石油总公司签署了页岩气勘探协议。阿帕奇公司在埃及的合资企业 Khalda 石油公司将为两家公司开展业务。

[①] 壳牌和阿帕奇明年初在埃及西沙漠开始页岩气生产. http://www.cpcia.org.cn/detail/883660. 2015-06-01.

4. 印度

2016 年 4 月，印度盖尔公司（GAIL）向美国钱尼尔能源公司预定了 LNG，使得该国成为亚洲第一个进口美国页岩气的国家[①]。

2018 年 11 月，印度最大的煤层气（CBM）生产商大东方能源公司（Great Eastern Energy Corporation Limited，GEECL）在煤资源区块中发现了新的页岩气储量，并将投资 20 亿美元对页岩气资源进行勘探和开发[②]。GEECL 的声明中显示，印度东部西孟加拉邦拉尼根杰（Raniganj）的运行 CBM 区块被证实具有 3.51 万亿 ft^3（tcf）的页岩气储量。根据 ARI 预测，新发现的页岩气资源的最低储量为 1.4 万亿 ft^3，最高储量为 6.63 万亿 ft^3，而最可行的可采储量被确定为 3.51 万亿 ft^3。据美国能源信息管理局估计，印度的页岩气储量为 63 万亿 ft^3。

5.2　全球页岩气产业发展预测

页岩气作为一种能源，是一个国家重要的战略物资。自从美国的页岩气革命给美国带来了经济繁荣，全球多个国家纷纷加入到页岩气的勘探开发活动中。

乌克兰危机使得周边欧盟国家急迫思考能源进口的多元化，并试图摆脱对俄罗斯能源供应的依赖，特别是天然气方面。欧盟方面开始关注具有尚未开采资源的国家，如阿尔及利亚。阿尔及利亚具有丰富页岩气开采资源，而且阿尔及利亚国家石油天然气公司 Sonatrach 长期以来都是欧盟天然气最重要的外部供应商。阿尔及利亚有着优越的地质条件和丰富的天然气工业，但因社会、投资及安全性问题依然需要慎重考虑开发页岩气[③]。

根据世界能源组织（World Energy Council，WEO）的报告，包括页岩气在内的非常规天然气发展将成为一种全球现象，并给全球的能源市场和价格带来深远影响。作为全球最大的页岩气生产国，美国页岩气已经出口到其他地区的多个

[①] 印度成为亚洲第一个进口美国页岩气的国家. http：//www. chinapipe. net/national/2016/28144. html. 2016-04-13.

[②] Great Eastern Energy Corp announces shale gas exploration project in West Bengal. Economictimes. https：//economictimes. indiatimes. com/industry/energy/oil-gas/great-eastern-energy-corp-announces-shale-gas-exploration-project-in-west-bengal/articleshow/66636082. cms. 2018-11-15.

[③] Boersma T, Vandendriessche M, Leber A. Shale gas in Algeria：no quick fix. Brookings, 2015. https：//www. brookings. edu/wp-content/uploads/2016/07/no_ quick_ fix_ final-2. pdf.

国家，如印度、日本等。美国页岩气的出口使得全球能源市场互联，市场结构朝着透明化发展，同时成为其他国家勘探开发的刺激因素[1]。

对于油气开发商而言，要想获得更大的利益，一是提高产量，二是降低成本。受国际天然气价格的影响，要想保持收益则需要从降低成本入手。多家跨国企业已经投入开发新的技术，通过技术革新降低成本提高利润。

可见无论是从国家层面，还是企业层面，页岩气的勘探开发必然会持续进行。尽管页岩气是一种非常规能源，且储量丰富，但它的开发并不便宜也并非取之不竭。随着页岩气开发的进行，技术的创新和管理方式的改革都是急需考虑研究的。

随着全球环境问题日趋严重，页岩气作为一种相对清洁且能效高的能源，必然会改变国际能源结构。这种改变也会极大地促进页岩气产业在全球范围内的发展和扩张，由此带动全球范围内的页岩气技术发展。BP 石油公司曾预言，页岩气和页岩油的生产将是原先的 3 倍，到 2030 年，它将在 2011 年的水平上增长6 倍。

但是，也有行业评论者对页岩气开发持不乐观态度。2013 年 2 月 20 日，*Nature* 发表由美国低碳研究所研究员 Hughes[2] 撰写的以页岩气和致密油为例的评论文章，文章分析认为在某种程度上，页岩气和致密油的开采将会持续很长一段时间，但是产量可能低于行业和政府的预测。虽然，页岩气革命从以前难以达到开采要求的储层提取油气，页岩油气正在弥补常规油气生产的衰退，同时，页岩油气被宣称是实现低碳未来的过渡燃料，页岩油气能够使美国恢复世界上最大油气生产者的地位，不再需要从外国进口。同时美国加利福尼亚州圣罗莎的 Post Carbon 研究所发表的一篇报道中，分析了美国的 30 个页岩气藏和 21 个致密油田，发现页岩气革命将很难维持。该研究是基于 65000 个页岩气井的数据，这些数据来自广泛应用于行业和政府的生产数据库。研究表明，页岩气井和页岩气田生产力呈现出急速下降的趋势。许多页岩气田生产成本超过了目前常规气的价格，维持生产需要不断增加的钻孔和资本投入来支持。

---

① Unconventional gas, a global phenomenon. https：//www. worldenergy. org/publications/2016/unconventional-gas-a-global-phenomenon/. 2016-02.

② Hughes J D. Energy：A reality check on the shale revolution. Nature, 2013, 494 (7437)：307.

5.3　国际形势影响

从全球来看，美国至今仍是页岩气的主要生产国，美国的"页岩气革命"至今还影响着国际形势。

美国"页岩油气革命"使得美国油气产量快速增长，并再次成为世界最大的石油生产国和进出口国，得以实现了"能源独立"的目标。同时，油气大量开发也带动了美国国内的经济复苏。这也引得各国将注意力放到页岩气这类非常规天然气的开发上，纷纷采取措施，加大本国页岩气资源的勘探和开采力度。除此之外，这次革命也极大地改变了全球页岩气生产和贸易流动格局，产生了重要的地缘政治经济影响。

美国自 2009 年天然气产量超过俄罗斯以来，就一直是最大的天然气产国，这主要归因于其页岩气的开发。据美国能源信息署预计，到 2035 年之前，美国页岩气产量年均增长 4.0%，届时约占美国天然气总产量的 3/4，占全球页岩气供应的 2/3。

因美国页岩气革命，全球天然气贸易格局已经从波斯湾主导的波斯湾—地中海—大西洋和波斯湾—马六甲—西太平洋两轴体系，演变为波斯湾—俄罗斯—欧洲、北美—南美、波斯湾—东亚—俄罗斯三区域体系。随着美国向东亚地区加大出口，世界石油贸易格局将形成两大市场，即大西洋市场，由中东、俄罗斯、尼日利亚、南北美洲和欧洲共同构成；太平洋印度洋市场，由波斯湾、东非、东亚和东南亚、北美西海岸共同构成。天然气方面，还要加上澳大利亚在现在东亚市场和未来太平洋、印度洋市场的作用，而美国页岩气的这种冲击，势必会影响全球天然气的定价机制，最终形成全球一体化的天然气市场，从而减轻欧亚天然气市场的价格压力。

除了改变市场格局外，这次革命还打破了管道天然气出口与 LNG 出口之间的平衡。产能扩张降低了 LNG 的成本，美国 LNG 出口会大幅增强全球天然气的流动性，改变 LNG 的国际贸易流向，削弱常规天然气供应国的优势。同时，美国天然气的出口地呈现多元化，包括欧洲、亚洲、美洲等主要的消费市场。这也势必会对俄罗斯在内的其他市场的份额构成一定威胁①。

---

① 全球能源安全新格局. https：//www.china5e.com/news/news-1049531-1.html.2019-01-15.

"页岩气革命"所带来的天然气供给能力的大幅度增长，也为全球能源转型提供了机会。尽管现在全球各国都开始进行新能源的开发，但从如今的能源结构来看，传统能源的使用仍占大部分。化石燃料主要作用是发电，使用天然气发电比煤电更为环保，同时页岩气的开采能缓解全球天然气供给压力，为可再生能源电力的大规模消耗提供支撑，这也有利于全球 CO_2 减排，减缓温室效应。

5.4　中国页岩气产业发展现状及前景分析

页岩气是近年来国家重点发展的新能源。页岩气在中国分布广、储量大，以中石油和中石化为代表的页岩气生产企业持续突破，页岩气产能产量不断增长。目前中国实现商业化页岩气开发的企业只有中国石油化工集团有限公司和中国石油天然气集团有限公司。2017 年两家公司页岩气产量合计 90 亿 m^3，预计 2020 年可达 260 亿 m^3。

5.4.1　中国石油天然气集团有限公司

我国投入商业勘探开发的页岩气区块有五个，其中长宁勘探开发区、威远勘探开发区和昭通勘探开发区由中石油开发，长宁勘探开发区和威远勘探开发区是中石油油气田分公司开发，昭通勘探开发区则是由中石油浙江油田开发。另富顺-永川勘探开发区是中石油和壳牌合作开发。

川南地区是我国页岩气产业的发源地。2006 年 1 月，中国石油西南油气田公司开始实施我国第一个页岩气开发的评层选区项目，2009 年中国第一口页岩气井——威 201 开钻。中石油在长宁页岩气田上罗区块宁 201 井区-YS108 井区和威远页岩气田威 202 井区共提交探明储量有 1635.3 亿 m^3[①]。并于 2010 年 4 月、2011 年 11 月相继钻成我国第一口页岩气井——威 201 井、第一口具有商业价值的页岩气井——宁 201—H1 井。

在长宁和威远两个示范区内，中石油应用其低渗透油气藏水平井增产改造技术和油气藏储层改造技术，在页岩气直井压裂和水平井分段压裂上获得巨大成功。创新形成了川南地区 3500m 以浅页岩气规模效益开发主体技术。2015 年 6 月 28 日，

---

① 中国实现页岩气商业性开发 . http：//video. gongkong. com/newsnet_ detail/334038. htm. 2015-11-20.

中石油四川长宁–威远国家级页岩气示范区日产页岩气突破 200 万 m³ 大关，8 月 18 日，两个月时间产气量达到 362 万 m³。截至 8 月 18 日，长宁–威远页岩气示范区已投产 47 口井。其中，长宁区块已投产 22 口井，日产气 236 万 m³；威远区块已投产 25 口井，日产气 126 万 m³。中石油 2015 年半年报显示，上半年公司国内天然气产量为 409.38 亿 m³，同比增长 1.1%。其中页岩气产量约为 2.4 亿 m³，页岩气产量增长迅猛。

2018 年 11 月，长宁页岩气田累计投产 91 口井，页岩气日产量达到 606 万 m³，威远页岩气田日产量达到 534.1 万 m³，首次突破 500 万 m³ 大关。目前，威远页岩气田的 3 个井区已投产平台 26 个、气井 124 口，其中威 202 井区日产气 216.3 万 m³，威 204 井区日产气 297.1 万 m³，自 201 井区日产气 20.7 万 m³。

截至 2018 年 12 月，中国石油拥有页岩气矿权 11 个，面积 5.1 万 km²，其中在四川盆地及邻区页岩气矿权 10 个，面积 4.6 万 km²。主要包括四川省自贡市、内江市、宜宾市、泸州市，重庆市、云南省昭通市。在中石油矿权内五峰组–龙马溪组埋深 4500m 以浅分布面积 2.7 万 km²、资源量 13 万亿 m³，占盆地五峰组–龙马溪组资源量的 70%；其中川南地区五峰组–龙马溪组埋深 4500m 以浅分布面积 2.6 万 km²、资源量 12 万亿 m³，占盆地五峰组–龙马溪组资源量的 65%。中国石油矿权在川南地区连片分布，覆盖了盆地页岩气有利区块，利于整体开发[①]。

目前，中石油在四川盆地页岩气矿权内主要作业的单位有西南油气田分公司、川庆钻探工程有限公司、长城钻探工程公司及浙江油田分公司。已累计投入勘探开发资金 280 亿元，累计提交探明储量 3200 亿 m²。开钻井 560 口，完钻井 419 口，投产井 337 口，创造了四川油气工业史上区块同时钻井数量最多的纪录。新建内部集输管道 370km、外输管道 230km、脱水装置 7 座，具备了 88 亿 m³ 的脱水能力和 113 亿 m³ 的外输能力；累计生产页岩气 107 亿 m³，目前日产量 1280 万 m³，在页岩气勘探开发主体技术、深层页岩气勘探开发、关键工具国产化等方面实现了重大突破。

为拓展页岩气开发，中石油开展了广泛的国际合作。2013 年 2 月，中石油与美国康菲石油公司签署相关协议，中石油将拥有西澳大利亚海上布劳斯盆地波塞冬项目的 20% 权益和陆上凯宁盆地页岩气项目的 29% 权益。同时，两公

---

① 中国石油：铺展页岩气发展新蓝图. http://news.cnpc.com.cn/system/2018/12/14/001713875.shtml. 2018-12-14.

司还将共同研究位于四川盆地内江-大足区块非常规天然气资源。2015 年 10 月 21 日，中石油与 BP 集团开展合作，两方领导人在伦敦签署了《中国石油天然气集团公司与 BP 环球投资有限公司战略合作框架协议》，协议内容涉及面广，其中涵盖了四川盆地页岩气勘探和开发项目。2016 年 3 月 31 日，两家企业签署关于四川盆地内江-大足区块页岩气勘探、开发和生产的产品分成合同（简称 "PSC"）。

截至 2017 年年底，中国石油累计与英国、美国、法国等国家和地区的石油公司签订合同或通过转让的方式，在国内获得油气勘探开发对外合作产品合同 80 个、联合研究（或联合评价）协议 13 个。主要合作伙伴包括壳牌、雪佛龙、道达尔、BP、洛克石油（Rock Oil）、依欧格资源公司（EOG Resources）等国际石油公司或专业公司①。

5.4.2 中国石油化工集团有限公司

国内五大投入商业勘探开发区块中的涪陵勘探开发区是由中石化江汉油田开发。2012 年，中国石化勘探南方分公司发现了第一口海相页岩气井（焦页 1HF 井）。该井的商业性发现具有里程碑意义。焦页 1HF 是我国自主完成的海相页岩气水平井，这标志中国页岩气勘探成藏理论、技术评价有了实质性突破，同时该井也推动了南方海相页岩油气勘探的发展。2014 年 2 月，中石化的超深海相页岩气井丁页 2HF 井完成了压裂，这是我国首次独立完成的大型页岩气分段压裂施工。

中石化 2014 年 12 月发布的《中国石化页岩气开发环境、社会、治理报告》（ESG 报告），显示，中石化已初步建立起一套符合中国页岩气地层特点、适应性良好的水平井优快钻井、长水平段压裂试气、试采开发配套等具有自主知识产权的页岩气开发配套技术系列，相关装备国产化也取得重要进展。

2015 年，中石化在涪陵页岩气田探明储量 3805.98 亿 m^3。2015 年上半年，中石化生产页岩气 9.01 亿 m^3。截至 2015 年 7 月，中石化涪陵页岩气田已累计开钻近 250 口井，累计生产页岩气 21.24 亿 m^3，销售页岩气 20.36 亿 m^3，建成页岩气产能超过 40 亿 m^3/a，同时建成 50 亿 m^3/a 的集输工程，以及 30 座地面集气

---

① 刘宁，张虎俊. 国内油气勘探开发对外合作实践与启示——以中国石油为例. 国际石油经济，2018，26（8）：26-31，91.

站及 1 座 110kV 变电站。

2018 年，中石化在我国最大页岩气田——涪陵页岩气田的产量超过 60 亿 m^3，同时该气田在 2018 年的天然气销售达到近 58 亿 m^3，在中国的生产和销售均位居首位。截至 2018 年年底，中石化页岩气田产量已超过 215 亿 m^3。

5.4.3 页岩气产业发展前景及制约

中国页岩气产业发展快速，发展前景广泛。首先，在资源量上，我国页岩气储量有 31.6 万亿 m^3，位居全球第一，因此具有很大的勘探开发潜力。其次，在支持上，国家施行很多政策和项目以鼓励页岩气的勘探开发，如资源量调查、降税等。同时我国和各大企业积极投入到开发技术的研究及国际合作中，以期能尽快达成产能目标，实现能源独立，保障国家安全。最后，从技术上，随着国家的政策帮扶、油气企业的资金投入，以及开发技术的研究，我国已经成为继美国和加拿大后第三个能规模化开采页岩气的国家。现在我国正加紧研究适应我国地质环境和环境安全的技术，提高页岩气的技术可采率，降低页岩气开发风险。

尽管我国页岩气开发前景巨大，但仍有制约我国页岩气开发的问题。

(1) 页岩气投资受技术和国家政策的影响。页岩气资源属国有，企业只能通过竞投标获得采矿权，因此页岩气开发供应受政策影响较大。如果企业想进入页岩气工业，应具有雄厚的资本或技术，才能被政府认可。2011 年、2012 年，我国政府分别开展两次页岩气开发权利的竞投标。2012 年，页岩气竞投标区块达到 20 个，83 家企业（56 家国有、27 家私营企业）参与竞标。但是成功的竞投标者对开发页岩气仍呈谨慎态度，主要原因是开采技术不成熟和投资风险巨大。

(2) 页岩气开采有较高的技术要求。目前，仅有美国掌握了天然气探测和开发的全部技术。中国要实现页岩气高效开发，除了雄厚的资源基础外，还要实现勘探开发关键技术的突破。相比之下，我国页岩气与国外页岩气储层品质的差异，我国在资源评价和水平井压裂增产等方面尚未形成核心技术体系，系统成套技术和单相配套技术设备均需引进，而即便直接引进国外成熟技术，短时间内也难以对这些技术进行消化、实现本土化。除了掌握水平钻井、水力压裂、微裂地震等核心技术我国还需要科学高效的管理模式，包括技术创新及管理，集中分配劳动力、材料和投资，开展经济成本管理等。

（3）环境污染问题及水资源管理。需要将环境影响纳入页岩气开采管理中。根据国外开发经验来看，如果不能很好地管理页岩气开发将对环境造成巨大破坏，如压裂液对地下水的污染，甲烷泄露造成空气污染、温室效应等。一方面，当前环保部门对页岩气勘探开发潜在的环境风险和环境影响认识不足，页岩气开发的环境监管标准、规范和政策还有待完善；另一方面，作为页岩气开采的主要技术，水力压裂需要耗费大量水资源，这对缺水的开发区是一个挑战。有美国研究机构把我国水资源和能源生产之间的矛盾称为中国瓶颈。

（4）地质条件及相关配套机制。尽管可以引进国外先进的开采技术，但国内外的地质条件有区别，不能全盘使用。国内大部分储气页岩的地质环境中黏土组分含量较高，地质条件复杂且热演化度高而造成气藏蕴藏深度过深，我国现有技术水平尚不能满足其勘探开发需求。同时地质数据的配套机制的不完善，会影响页岩气开采规划的设计，像页岩生烃环境研究不透彻、数据解析不精准、数据共享不及时等。

Nature 曾经在 2013 年发表由其著名专栏编辑 Jeff Tollefson[①] 撰写的评论文章，对中国启动的大规模页岩气开发计划提出警告，认为制约中国页岩气开发的主要障碍有以下方面：

（1）存在技术瓶颈。页岩气开发极为复杂，中国目前尚不具备相应的技术能力，即使是如中石油和中石化这样的中国大型国有企业，也尚未掌握页岩气开采的主要技术即"水力压裂技术"。

（2）面临环境污染风险。一旦页岩气井发生泄漏将导致空气和水污染，对于中国未来页岩气主要开采区的新疆塔里木盆地和四川盆地而言这尤为值得关注，前者严重缺水，而后者则人口密集。

（3）地质条件的制约。中国大部分储气页岩其所含黏土组分较高，蕴藏深度过深，这样的地质条件将制约页岩气的开采。

（4）缺乏风险投资的支持。与美国相比，中国由于风险投资文化的缺失，故将导致页岩气开采缺乏众多具有风险投资意识和实力的中小企业的支持。

（5）相关配套机制的缺乏。中国缺乏相关地质数据的开发和共享机制，这将会直接影响未来页岩气的开发进程。

---

① China slow to tap shale-gas bonanza. https：//www.nature.com/news/china-slow-to-tap-shale-gas-bonanza-1.12457.2013-2.

（6）准备工作不足。美国为实现页岩气开采的工业化花了长达 60 年时间，建成 20 万口井。

5.5　启示与建议

从上述分析来看，我国页岩气开发面临这三大风险：经济风险、环境风险及技术风险。

经济风险。页岩气开发具有单井产量低、采收率低、投入高、钻完井周期长、产量递减快、资金回收慢、技术要求高等特点。一般企业承担不了如此巨大的投入风险。目前国有石油企业业务重心是常规油气，对页岩气投入有限，实质性的开发进程很难加快，而投资规模不足将影响页岩气的快速发展。

环境风险。水环境污染已经成为页岩气开发中最大的环境风险。页岩气的开发需要消耗大量的水资源，这主要是由其开采的技术特点所决定的。再有开发页岩气将会造成水污染，引发用水安全问题。这种污染主要包括压裂液对地下水源，以及返排液对地表水源的污染。除了对水环境存在威胁以外，页岩气开采过程中还会引发空气污染、地质环境变化等问题。

技术风险。我国对页岩气勘探开发技术的研究尚处于起步阶段，仍缺乏核心技术。从勘探开发技术装备条件来讲，尽管可以借鉴传统油气工业的设备，但应用于页岩气领域仍显经验不足。此外我国页岩气的地质条件的复杂加大了开采难度，也对技术提出更高要求。

应对上述风险，我国页岩气发展应制定积极稳妥地政策，重视基础、核心技术的研发，明确市场开发的责权，引导页岩气产业的科学发展。

（1）加强政策导向。分析页岩气的资源潜力，考虑技术因素影响，制订中长期发展规划，科学合理地引导我国页岩气产业发展。

（2）重视支持相关技术的研发。加强国际交流与合作，引进更多的先进技术。加强页岩气开采技术的自主研发，同时考虑环境保护、水资源保护、地震预防等。

（3）重视经验积累。借鉴美国页岩气开发的实践，从政府层面关注页岩气开发的经验积累，尽快制定相关技术标准，企业应加强开采和运行管理，减少对地下水的污染。

（4）减少开发成本。在页岩气开发中，充分发挥政府规划决策、第三方评价与监督、企业开发等作用，一方面通过技术和管理进步节约投资，另一方面鼓励企业希望通过缩短开发周期，提高利润。

（5）研究市场退出和权责转移机制。不完善的市场退出机制将增加资本投资风险。借鉴国外已有的最佳经验，建立符合我国国情的退出机制，允许页岩气开发的权利和责任转移，将有利于页岩气市场的规范发展。

|第6章| 页岩气带动相关产业发展

天然气通常可用来生产大量的产品（包括乙烯、合成氨、化肥、柴油燃料等化工产品）。美国过去一段时间天然气价格高昂，迫使一些化学品制造商关闭了业务，但随着页岩气的开采，使得页岩气供大于求，美国国内天然气价格开始下跌。这给其他很多行业带了机遇，部分行业也开始复苏并快速发展。

这种复苏对市值 1480 亿美元的乙烯市场影响最强烈，乙烯是世界上产量最高的化学品，是许多其他行业的基础，包括用于奶瓶、玩具、衣服、窗、管道、地毯、轮胎和许多其他产品的生产。由于乙烯长距离运输的成本非常昂贵，通常乙烯工厂会集成一种设备，把它转换成聚乙烯来生产塑料袋或乙二醇来生产防冻液。

在美国，乙烯的成本从几年前的每吨 1000 美元下降到目前的 300 美元。根据普华永道事务所的分析，目前乙烯在亚洲的成本为每吨 1717 美元，主要是利用高价格的石油来代替天然气，在沙特阿拉伯的成本为每吨 455 美元，是使用乙烷和丁烷的组合。

廉价天然气对制造业的影响可能会超出各种化学品的生产。使用天然气作为能量来源，而不是作为化学原料，能够显著降低制造商的能耗成本，如钢铁制造业。钢铁行业正蓬勃发展，也跟天然气价格下降有关，天然气由管道供应商提供。更重要的是，天然气价格低廉，使得货运燃料从石油基向天然气基转变。最后，即使是柴油卡车使用的燃料也可由天然气制取。南非 Sasol 公司计划在路易斯安那州耗资 140 亿美元建造一座大型的工厂将天然气转化成柴油，这会潜在地降低传统汽车的燃料成本。

总体来说，化学品价格、钢材价格及运输成本都会走低，这些都使得美国很多行业的竞争力得到加强[1]。

---

① Shale Gas Will Fuel a U. S. Manufacturing Boom. https：//www. technologyreview. com/s/509291/shale-gas-will-fuel-a-us-manufacturing-boom/. 2013-2-9.

6.1 页岩气带动美国塑料行业的发展

全球范围内，制造塑料的大部分原材料都取自化石燃料，其中主要的是天然气和石油。在美国，有近3/4的塑料是以天然气生产的乙烯和丙烯为主要原料，剩下的部分则是以石油为原材料。由于美国的页岩气革命，美国乙烯的生产成本几乎是全球最低。2014年美国乙烯产量世界第一，生产了大约2500万t的乙烯（我国2014年乙烯产量约为1700万t①），且还在不断增长。丙烯方面，以往大多数的丙烯生产来源于炼油厂的副产品。随着页岩气的兴起，丙烷的供应量越来越丰富，同时由于新技术的进步，已经可以实现丙烷到丙烯的转化。

6.1.1 主要竞争力分析

能源原料的价格是塑料生产商全球竞争力的关键因素之一。美国化学协会（American Chemistry Council，ACC）指出②，在塑料的总成本中，能源资源占到了70%。由于北美塑料产品的主要原材料是天然气，而欧洲和亚洲的原材料主要是石油，受页岩气革命影响，天然气价格降低，美国塑料业相对于欧洲和亚洲的成本优势得以不断增强。

6.1.2 带来的效益

1. 经济效益

页岩气不仅可以为塑料行业及其供应链创造新的就业岗位，同时也将为所雇佣的工人创造收入，预计美国塑料业及供应链为新增工人创造超过268亿美元的收入，并给当地创造1670亿美元的产出收益。

页岩气不仅会促进美国塑料业的发展，还将促进装备制造业的发展。在装备制造业领域，在投资高峰年份每年将为所雇佣的工人创造62.3亿美元的收入，

---

① 2014年全球乙烯产业发展现状及主要企业乙烯产能统计. http://www.chyxx.com/industry/201407/269996.html.2014-07-31.

② The Rising Competitive Advantage of U. S. Plastics. https://plastics.americanchemistry.com/Education-Resources/Publications/The-Rising-Competitive-Advantage-of-US-Plastics.pdf.2015-03.

同时为当地创造 207 亿美元的产出收益。

2. 塑料业的贸易顺差将扩大

2014 年，美国塑料业的贸易顺差已经超过 120 亿美元。到 2024 年，随着相关产品产能的释放，大约有一半的新增产能将被出口到亚洲、拉丁美洲和欧洲等国外市场，并且，美国塑料行业的贸易顺差将继续扩大，这将对其他塑料行业较为发达的国家产生巨大冲击。

3. 增加就业岗位

根据预算，页岩气的发展将为美国塑料行业及其供应链创造超过 46 万份新就业岗位。

塑料行业方面。随着产能的增加，塑料行业将在现有的 56000 个就业岗位的基础上增加 12000 个就业岗位，相当于将增加 22% 的就业岗位。另外，塑料添加剂、着色剂及其他辅助化学等中间过程也将创造约 5000 个就业岗位。最终，塑料产品制造行业还将增加 110000 个就业岗位。综上，塑料的加工制造，以及其他所引入的新投资有望创造超过 127000 个新的就业岗位。

供应链方面。随着投资的增长，从塑料原料的获取、加工及产品的制造都会产生供应链的需求。塑料行业相关的材料、部件及服务的供应商将产生近 17.3 万个新就业岗位。可以为塑料行业的新雇佣工人及供应链中的新工人提供大量的劳动收入。同时这些收入很大程度上将被用于支持当地社区的发展，用于医疗保险、教育、零售、养老等各领域。由页岩气革命掀起的塑料行业扩张的浪潮有望在所有经济部门创造超过 16.1 个新的就业岗位。

4. 带动塑料制造链的发展

塑料行业新产能的释放对美国装备制造业将产生积极影响。新的产能能促进塑料行业及相关辅助化学产品行业的投资，而新的投资将带动装备制造业的发展，其中金属管、高压灭菌器、阀门、泵及专业塑料制造设备和注塑模具的制造等领域将优先受益。同时也将创造大约 10 万个就业岗位。

为了创造更大的经济效益，美国还加大启动新投资计划与新项目。ACC 指出，到 2015 年年初，美国的乙烯制造成本仅次于中东和加拿大。为了发挥美国的页岩气的优势，在整个化工领域已经有 1300 亿美元的新投资计划，其中大约 250 亿美元投资用于增加塑料业的产能。预计聚乙烯的产能将在未来 10 年中增长超过 50%。随着美国塑料业投资的增长，美国塑料业将从中获益。从 2012 年开始，美国塑料业新增产能或产能扩张的项目就超过 400 个。

6.2 以页岩气为原料基的化工产业发展

乙烯、丙烯和甲醇是化学工业中最重要的三个产品。乙烯和丙烯和其他烯烃组合在一起经常被统称为烯烃。通常，烯烃是由烃类物质裂解而成，其中石脑油是最常见的原材料，其次是乙烷和丙烷。

从 2013 年 5 月开始美国化工企业投资额的涨幅就非常显著。根据美国华盛顿特区基于化工产业群收集的 2010～2023 年 148 个拟投资的清单指出，未来化工企业将会为新项目投资 1002 亿美元，并且大部分新项目设立在墨西哥海湾沿岸地区。2016 年 4 月，ACC 宣布，美国化工行业投资页岩地层的天然气和液化天然气（NGL）高达 1640 亿美元，其中所投资的 265 个项目（涵盖新设施，扩建和工厂重新开工等）中 40% 已完成或正在进行，55% 尚处于规划阶段。因为页岩气生产的热潮，美国成为了化工业和塑料制造业最吸引人的地区。

6.2.1 美国发展不同原料基化工品制造业的背景

近年来，美国大力推进化工品制造业的发展。主要反映在：

（1）随着美国页岩气产量的增多，带来了甲烷、乙烷、丙烷等化工品制造原料的过剩，使得美国化工业越来越多地利用页岩气作为原料生产烯烃和甲醇。

（2）政策方面，美国加大在页岩气制化工品方面的项目部署和资金投入。自 2012 年起，美国化工业新增产能项目超过 400 个，目前美国在化工领域的投入计划已经达到 1300 亿美元，而其中 250 亿美元用于增加产能。

6.2.2 美国以页岩气为原料制造烯烃和甲醇的技术

美国采用页岩气为原料生产烯烃和甲醇的技术比煤制烯烃更具有廉价、简单、能耗少、低碳排等优势。因为：

（1）在相同产能下，煤制甲醇工厂的资金投入大约是甲烷（页岩气）制甲醇工厂投入的 2 倍，原料成本大约为 5 倍，这使得美国以页岩气为原料生产的化学品生产具有更多的盈利空间。

（2）页岩气生产化工品技术具有环境友好、污染排放少的特点。用煤生产 1t 甲醇将排放约 $5.3tCO_2$，而采用天然气（页岩气）制甲醇技术仅排放 $1.7tCO_2$；

每生产1t 烯烃，乙烷制烯烃技术将排放 0.8tCO$_2$，石脑油制烯烃技术将排放 0.9tCO$_2$，煤制烯烃技术将排放 5.8tCO$_2$。

（3）从运行和维护成本来看，无论是催化剂、水、能源、污染物，煤制化工品技术成本远远比页岩气化学品昂贵，如图 6.1 所示。

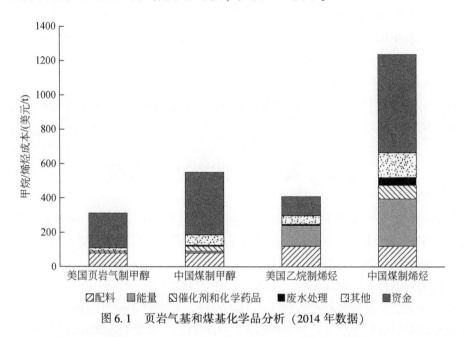

图 6.1　页岩气基和煤基化学品分析（2014 年数据）

6.2.3　美国化工制造业发展的前景分析

在技术和政策刺激下，美国的化学品出口贸易顺差可能进一步扩大，还为国内提供更多的就业机会。

1. 美国化工产品极大地刺激了出口贸易

美国页岩气产业的发展不仅带来了甲烷、乙烷、丙烷等化工品制造原料的过剩与化工业的发展，由此也引发了乙烷裂解装置投资热潮和丙烷/丙烯出口的成倍增长。2014 年，美国化工业相关的贸易顺差已经超过 120 亿美元。

2. 美国烯烃、甲醇等产能增长较快，会进一步刺激出口

从烯烃来看，中国煤制烯烃产能 2014 年为 650 万 t，美国 2014 年乙烯产量就达到 2500 万 t，位居世界第一，预计到 2020 年美国烯烃产能将增长 1400 万 t。

从甲醇来看，美国甲醇产能将从 2013 年的 160 万 t 增加到 2018 年的 1200 万 t，到 2020 年将增产到 3000 万 t，由于美国国内的甲醇消费量一直保持在 600 万 t/a 的相对稳定值，因此甲醇产量的增长将使美国从甲醇净进口转变为主要出口国。中国目前是世界上最大的甲醇消费国，将成为美国潜在的主要出口国，2014 年，中国消费了大约 4100 万 t 甲醇，超过全球需求的 55%。与此同时，中国已经建立了独特的煤制甲烷产业，许多产煤区鼓励对煤炭转化的投资，以提高对煤炭的需求，目前中国已经有足够的甲醇满足需求，但还在继续扩大甲醇产能。

在化工产业中，美国肥料产业是一个明显得益于页岩气这种生产原料的产业[①]。天然气是生产尿素和氨等氮肥的重要配料，2016 年，美国尿素（一种重要的氮肥）的产量猛增 10% 左右。随着肥料的产量的增加，2016 年美国尿素进口大幅下降，降幅达 34%。

6.3 其他行业的发展机会

页岩气行业的发展不仅仅有利于塑料行业和以页岩气为原料基的工业发展，还会影响电力行业，加速电力行业绿色发展，清洁供电。不仅如此，页岩气还促进了制造业的复苏。

比起我国传统的燃煤供电，天然气供电具有能效高、清洁环保的优势。加拿大的科研人员对页岩气联产乙烯和电力并实现二氧化碳零排放进行了研究[②]，发现可使用甲烷氧化偶合催化剂协同联产乙烯和电力，并实现净零排放。

发展天然气发电，可以改善电力系统运行工况，提高电力系统的效率和经济性，还能充分利用燃气、电力消费季节性峰谷特性互补的特点，对电网和天然气管网运行起到"双重调峰"作用，从而在更高的层面上提高能源利用效率。当前，世界上最先进的天然气联合循环发电机组净效率已经超过 60%，是最先进煤电机组的 1.3 倍，二氧化碳排放强度仅为最先进煤电机组的 40% 左右，耗水量也仅为燃煤电厂的 30% 左右。因此，天然气发电将会在未来成为重要的发电方式，而这对优化电源结构、保护大气环境，以及提高能源利用效率都是十分重要的。

得益于页岩气革命，美国肥料产业产量迅速增长。天然气是生产尿素和氨等

---

① 美媒：美国肥料产业受益于页岩革命产量猛增. http://www.cankaoxiaoxi.com/finance/20170215/1688969.shtml. 2017-2-15.

② Khojasteh Salkuyeh Y, Adams T A. A novel polygeneration process to co-produce ethylene and electricity from shale gas with zero CO_2 emissions via methane oxidative coupling. Energy Conversion and Management, 2015, 92：406-420.

氮肥的重要配料，2016 年，美国尿素（一种重要的氮肥）的产量猛增 10% 左右。随着肥料产量的增加，2016 年美国尿素进口大幅下降，降幅达 34%，同样，页岩气对美国制造业造成了积极影响。2013 年美国制造业趁着页岩气发展的势头呈现复苏态势，福特汽车、科尔曼、NCR、ET 水系统、AMFOR 等制造企业，已开始将生产线或工厂从中国转移到美国劳动力成本相对较低的南部地区。当年美国制造业的产出、就业、库存和进出口指标均表现出持续向上的趋势。在促进美国制造业回归的因素中，能源要素的影响至关重要，低能源价格对美国制造业回归的影响主要表现在以下四个方面。

一是增加了美国本土制造业的成本优势。由于页岩气是一种重要的基础能源，同时也是一种重要的工业原料，源源不断的页岩气和意外收获的页岩油使美国的各种能源、基础原料成本和公用事业服务等生产要素价格在全球形成了极强的竞争力。低廉的能源价格抵消了德国和日本企业生产效率高的竞争优势，也抵消了中国和印度劳动力成本低的竞争优势，带来了美国工业再度重生的机会，特别是增强了化工、钢铁、有色等行业的竞争力。

此外，石化工业可以从天然气中提取乙烷做原料，大大降低了生产成本，其价格甚至可以和世界上成本最低的生产商——中东的石化企业竞争。钢铁行业可以利用天然气作为还原剂进行气基还原生产海绵铁，而且天然气发电也可降低电炉炼钢成本，有利于促进钢铁行业短流程生产工艺的发展。此外，天然气还可代替部分焦炭，作为高炉炼铁的还原剂和燃料剂，从而促进整个钢铁工业生产工艺的发展与改进。在有色金属行业，氧化铝生产企业的天然气用量要高于钢铁企业，低廉的天然气价格对有色金属企业成本降低的作用很大。因此，天然气等能源价格的降低增强了美国本土制造业的竞争力。

二是吸引了国际资本回流美国制造业。本土油气产量的增加，给美国带来的另一个好处是削减了贸易赤字。美国天然气贸易赤字在 2005 年后逐步走低，从 2005 年的 318.2 亿美元回落至 2010 年的 124.8 亿美元。2002 年前，美国进口原油的成本占整个 GDP 的 3% 左右；到 2012 年，这一数字已下降到 1.7%。对进口原油的依赖减少及使用更廉价的天然气，将使美国的经常性账户赤字大幅下降，预计到 2020 年，其赤字与 GDP 比值将减少 2 个百分点，由 2012 年的 3.6% 下降到 1.2%。美国对外能源依赖程度的降低，将有效改善经常账户收支，进一步引发全球资本回流，导致美国制造业呈现长期结构性改进迹象。

三是增强了美国国内市场产品需求。能源价格下降提高了美国居民的消费能力，扩大了美国国内市场。一方面，低廉的能源价格进一步增加了美国出口和就业机会。据统计，美国能源革命至今已经创造了至少170万个就业岗位，促使美国居民收入实现温和增长。另一方面，能源价格下降间接降低了以能源为生产要素的产品和服务的价格，提升了美国居民的实际购买力。例如，低廉的天然气使用成本使居民住房支出中的水、电、燃料支出和交通支出降低，消费者价格指数降低。因此，美国居民收入水平的逐步提高及居民实际购买力的提升，美国国内市场需求的进一步扩大，将为美国制造业的回归奠定良好的市场基础。

四是扩大了美国货币政策的操作空间。美国减少对进口原油的依赖，也使得美联储在货币政策上有了更大的操作空间。这主要是因为，美联储在调整货币政策刺激经济增长的同时，不必太过担心由油价引发的通货膨胀，消费者也不必为石油支出花费更多的金钱。随着其本土能源工业的不断崛起，创造了更多的就业岗位，经济复苏的脚步进一步加快。此外，对石油进口依赖的减少，使得美联储有可能尽早结束非常规的量化宽松政策，加之其他因素的叠加，将有力促进美国制造业的回归。

6.4 启示与建议

从上述对页岩气相关的塑料产业、化工产业的分析及美国制造业回归的分析来看，可以对我国的发展得出如下启示和建议。

（1）美国石油化工业、塑料业的发展加速制造业的回流。美国页岩气的开采的低成本优势促进了美国塑料行业、化工产业的发展，而塑料业的发展又加快制造业的回流，制造业的回流对于美国意义重大，一方面，美国自身面临着解决就业问题的压力，制造业的回流有助于缓解就业压力；另一方面，美国由页岩气发展带动化工、塑料、制造等其他相关的发展，可以摆脱经济不景气的局面。

（2）美国化工、塑料业贸易顺差的扩大将给我国带来较大压力。美国塑料业产能的扩张不仅可以促进就业，同时由于新增产能的一半将用于出口，必将使得美国塑料业已有的贸易顺差继续扩大，这对我国等塑料原材料进出口国家带来较大压力，同时还将影响我国与塑料相关产业链的发展。

（3）我国应尽快开展石油化工、塑料产业发展、政策及对策研究。在可以预见的时期内，美国页岩气带来石油化工、塑料业的扩张是难以改变的。因此我国必须尽快开展对我国石油天然气、制造、塑料等相关行业的影响评估，研究我国相关产业的发展政策，并提出应对策略，以防止或降低对我国相关产业的损害。

（4）我国应尽快部署开展低成本化工与塑料技术的研究，推进相关行业升级。美国化工、塑料业发展带来社会经济的巨大收获，实际上与美国页岩气制造塑料的技术能力密不可分。我国应加强低成本塑料制造技术、替换材料与原材料、乙烷制乙烯等相关技术的研发部署，尽快推动我国化工、塑料行业的升级发展。

| 第7章 | 展　　望

　　美国页岩气革命对国际天然气市场及世界能源格局产生了重大影响，中国、英国、印度、南非等国家都加大页岩气勘探开发力度。在"十二五"期间，我国页岩气勘探开发取得重大突破，不仅探明大部分地区页岩气资源储量，还基本突破页岩气开发的关键技术，工程装备初步实现国产化，成为北美之外的第一个实现页岩气规模化商业开发的国家，为后续产业化发展奠定了坚实基础。

　　页岩气在我国已经成为一个非常有发展前景的陆地能源，页岩气的利用将使我国获得更大的能源自主权，但是目前我国页岩气的开发受到实践经验不足、关键技术缺乏、复杂地质条件、较低的经济环境、资源地水资源匮乏等因素的制约。根据对中国页岩气市场多种因素的分析，认为技术突破和水资源管理是推动目前中国页岩气市场发展的最主要因素，具体分析如下：

7.1　页岩气被认为是解决中国两大安全问题的有效手段

　　页岩气因其埋藏地的特殊性，被认为是一种特殊的天然气资源。目前，以煤为主要能源的中国正面临两大安全问题：一是环境和健康安全；二是油和天然气资源的短缺，使我国更多依赖进口，危及能源安全。据估算，我国页岩气资源是传统天然气资源的2倍，相当于1000亿t原油，庞大的页岩气资源被认为可以有效消除上述安全问题。

7.2　目前中国页岩气市场受多种因素制约

　　中国页岩气市场还处于初级阶段，受到许多不成熟因素的影响。虽然政府努力采取相关政策避免垄断，鼓励民营企业进入，吸引更多投资，但市场不容乐观，主要分析如下：

　　(1) 供应方受开采技术和巨大投资风险的影响，持谨慎态度。政府规定：

土地和地下资源属于国家所有，因此页岩气资源也属于国家。企业只是通过竞投标获得采矿权，因此页岩气开发供应受政策影响较大。如果企业想进入页岩气工业，应具有雄厚的资本或技术，才能被政府认可。

（2）天然气消费结构及不断增加的消费量将促进页岩气的生产。随着基础设施的改善和出于减少环境污染的目标，我国天然气需求量持续保持较大增幅。从消费结构看，天然气主要用于电力、居民消费、工业燃料和化工原材料这四类。在电力上，天然气被用于峰值调节和热电联用；居民消费主要包括居民生活消费、宾馆、学校、饭店、澡堂、交通系统、集中供热系统等；工业燃料，天然气被用于冶金行业、炼钢行业、陶瓷业；化工原材料主要用于制作甲烷、化肥和制氢等。目前国内天然气生产不可能满足市场需求。

2004 年西气东送项目竣工后，天然气消费量年均增长 100 亿 m^3，2013 年天然气消费量达到 1676 亿 m^3，其中国内生产的天然气为 1146 亿 m^3，国外进口的 530 亿 m^3，占比达到 1/4，天然气对外依存度首次达到 31.6%，这为中国带来了极大的能源安全风险，这是中国政府积极发展页岩气的主要原因。但是 2014 年 6 月，中俄签署天然气供应合约，合约规定俄罗斯将为中国供应 30 年的天然气，约 380 亿 m^3。这份协议保障了中国中期天然气供应，使得页岩气开发变得不那么紧迫。

（3）政策可能提高企业的开发投资风险，造成金融阻力。我国页岩气产业已经投入了巨额资金，至少约 80 多口水平井和 20 口垂直井被开采。然而所有现有政策的基础都是基于天然气产量，如果没有产量，企业将不会做出投资决定，因为企业需要较长时间来消除资本投资失利带来的负面影响，因此经济风险是巨大的。此外传统油气开采权期限是 10 年，而页岩气开采期限仅为 3 年，如果企业因技术或资金问题不能完成竞标合同，政府将取消开采资格，这意味着企业的前期投入白费，无疑会增加企业的开发投资风险。同时，目前也没有相关政策规定：开发投资失败的企业能将相关权责转移给其他企业。

（4）从替代能源来看，核能是页岩气开发的最主要竞争对手，风能和太阳能仅能取代页岩气部分作用。风能可能在电力市场取代页岩气，但不能完全代替页岩气在化工、居民消费和工业等方面的其他作用。目前，中国的风能市场增长快速，已接近电网容纳的安全容量。风能主要用于调节发电高峰负荷，但这需要通过电网来进行，因此风能有可能在发电市场代替页岩气，但不能取代页岩气的其他作用，且天然气用于电站更加方便，不受天气条件的制约。

太阳能系统也仅仅能代替部分小型的城市用天然气发电。中国太阳能装机容量较少，受装机容量和成本的影响，太阳能在电力市场不可能完全取代天然气，但是太阳能热利用、发电利用等家用系统、太阳能汽车等一些小型的太阳能发电系统能够部分代替城市天然气，受成本影响，大部分人还是会选择使用天然气。

核能可能是页岩气最有力的竞争对手，这将取决于国家政策。核能是煤的重要替代产品。但自从福岛核电站泄漏之后，全世界都在质疑核能的安全性，德国、法国等许多国家都停止发展核电，因此近期核能对页岩气市场冲击不大。如果中国决定继续发展核能，将在电力和城市利用上对天然气和页岩气造成威胁。

（5）技术突破将推进页岩气市场问题的根本解决。和美国相比，我国页岩气工业发展晚了近 80 年，缺少一些自主知识产权的核心技术，如压裂技术、钻采技术，海外技术受地下结构和埋藏深度的影响，也很难被移植使用，这要求：既要开发我国自主的开采技术，也要有相应的地质基础数据的研究支撑。技术的不成熟带来的投资风险、政策风险、金融风险的不确定性，使得我国页岩气市场具有相对较低的内部竞争，因此我国页岩气市场还停留在初始阶段。

页岩气开采有较高的技术要求。目前，仅有美国掌握了这种非常规气探测和开发的全部技术，也是世界上唯一取得页岩气开发商业化成功的国家。我国要想实现页岩气规模化开发，必须具备两方面条件：①掌握水平钻井、水力压裂、微裂地震等核心技术；②管理高效，包括技术创新及管理，集中分配劳动力、材料和投资，开展经济成本管理等。

为了获得页岩气开采技术和管理经验，中国油气企业已经尝试采用收购美国页岩油气资产的办法。目前，中国石油企业已经累计投资 50 多亿美元收购美国页岩气资产。可以肯定的是，由于地质条件差异，美国页岩气开发的模式不可能全部适用于中国环境。

（6）水资源匮乏制约着页岩气的发展。页岩气开采必须要用到大量的水。目前，随着人口的增长，中国水资源的利用也得到快速增长，水的日消耗量也在持续增长，但是水资源匮乏并不是未来页岩气开发的最严峻的问题，因为大部分页岩气资源处于水资源较为丰富的省份。

中国水资源问题主要表现在水体污染方面。中国国家地下水污染防治计划表明大部分中国城镇地下水资源已经受到严重污染。对中国 118 个城市连续监控的数据显示：64% 城镇的地下水受到严重污染，33% 的城镇受到轻度污染，仅有 3% 的城镇地下水是洁净的，因而中国再也不可能去承受因工业发展而带来水资源污染的严重代价。美国认为地下水污染是一个很严重的问题。美国页岩气井位置极深，有的距离地面 1mi 以上，高压打井后仅有非常微量的地下水泄露出来。

为了保护水资源，减少污染，我国页岩气发展计划（2011~2015年）曾号召研发新的压裂液、压裂液处理和回收技术。为了解决中国页岩气发展的水资源问题，应开展如下工作：①收集页岩气开采区域的水资源基础数据，并跟踪和监测当地水利用数据；②根据不同的地质条件和具体地形地貌，提供不同的水资源消耗解决方案，并和运行方共享；③研究水资源管理的创新方案，尤其是水处理解决办法。

7.3　积极稳妥推进中国页岩气发展的建议

（1）加强政策导向。分析页岩气的资源潜力，考虑技术因素影响，制订中长期发展规划，科学合理地引导我国页岩气产业发展。

（2）重视支持相关技术的研发。加强国际交流与合作，引进更多的先进技术。加强页岩气开采技术的自主研发，同时考虑环境保护、水资源保护、地震预防等，如开展节水技术、水处理技术、水循环技术的研究和应用，建立高效节约、长期监测、及时调控的水管理制度等。

（3）重视经验积累。借鉴美国页岩气开发的实践，从政府层面关注页岩气开发的经验积累，尽快制定相关技术标准，企业应加强开采和运行管理，减少对地下水的污染。

（4）减少开发成本。在页岩气开发中，充分发挥政府规划决策、第三方评价与监督、企业开发等作用，一方面通过技术和管理进步节约投资，另一方面鼓励企业希望通过缩短开发周期，提高利润。

（5）研究市场退出和权责转移机制。不完善的市场退出机制将增加资本投资风险。借鉴国外已有的最佳经验，建立符合我国国情的退出机制，允许页岩气开发的权利和责任转移，将有利于页岩气市场的规范发展。